JN134452

和の香りを楽しむ「お香」入門

山田松香木店 監修

東京美術

はじめに

お香というとお線香を思い浮かべる方も多いと思いますが、日本人には古来より香りを楽しむ多くの習慣がありました。純粋に香りを楽しむのはもちろん、身だしなみの一つとして、また儀式や健康のために、人々の暮らしの中に溶け込んできました。

香りを鑑賞するうえで日本の環境はとても素晴らしいものです。地理的には温帯域にあり、南北に長く多様な気候と豊かな海に囲まれた清らかな島国です。四季の移ろいも明確で、香りを楽しむには最適な条件をすべて満たしています。

さらに、このような風土が醸成した日本人の繊細な感性は、香りの微細な差異や変化にも敏感で、香りを形容したり、比較したりすることに付加価値を見出し、また香り自体にも精神性を感じ、より高度な楽しみ方を可能にしてきました。これが香原料の一つ、沈香（沈水香）を奥深く鑑賞する様式を生み、日本独自の香芸術といわれる香道へとつながることになります。

　また、近年は、香原料に対する知識も広まり、より香りを多面的に楽しめるようにもなりました。

　特に、香原料自体が薬種（漢方薬の原料）そのものを使用するため、心身に良い影響を与えることが注目されています。鎮静効果の高い薬種が多く、現代の喧騒な時流に対し、静謐な時を与えてくれるのです。

　日本の香りを幅広く紹介する本書が、多くの方たちの暮らしむきに何かのお役に立てればと願っております。

山田英夫（山田松香木店）

もくじ

レッスン2

レッスン3

香りの文化……77

レッスン1

お香の基礎知識

お香というと、まずどういうイメージを思い浮かべますか？
仏壇に供えるお線香？　葬儀の際のお焼香？　蚊取り線香？
はじめてお香を楽しむ方のために、香りの歴史から
お香の種類や香製品のもとになる様々な香木、
香原料など、お香の基礎知識をご紹介します。

お香とは

太古の昔、人々は万能の主（神）のいる天への通信手段として煙を使いました。その時、煙を出すために採取した枝を燃やすと素晴らしい芳香がありました。枝をよく見ると小さな塊があったのです。これを採取し、必要な時に使用するようになり、人間はやがて香りをコントロールできるようになりました。これが香料の概念の始まりとされています。

最古の香料は古代メソポタミアの時代からと言われ、乳香や没薬などの樹脂が使われだしました。そこから東西へ拡がり、発展してゆくのです。

日本の場合、香料は主に南国産品なので香りを形づくる香料はほとんどが海外からの輸入品です。最初、仏教とともに伝来しましたが、当時、香りの知識を持っていたのは一部の特権階級に限られていたようです。日本書紀には、淡路島に漂着した香木の芳香に島人が驚嘆する記述があり、この出来事は、日本の香り文化の象徴的端緒とされ、その後、平安時代の薫物・室町時代の香道へと進展してゆくのです。

産業革命以降、香水系（パフューム）の香料も出現しますが、日本のお香は主に薫香系（インセンス）香料です。

香原料を入れた棚

香りの歴史年表

五三八	仏教伝来とともに、香が日本に伝わる
五九五	淡路島に香木が漂着する
七五四	鑑真和上が来日し、練香の製法を伝える
七九四	平安京遷都 ・薫物が平安貴族の教養となる ・貴族の間で「薫物合」が流行する
一一八五頃	鎌倉幕府が開かれる ・武家社会で香木がもてはやされる
一四六七	応仁の乱がおこる ・東山文化が栄え、香道が体系化される ・志野流、御家流の二大流派が成立する
一六〇三	江戸幕府が開かれる ・経済の発展により、香が一般社会にも浸透する ・源氏香などさまざまな「組香」が盛んになり、香道が発展する ・中国より線香の製法が伝わる

香りの歴史

飛鳥・奈良時代

仏教とともに持ち込まれた香り

西暦五三八年（五五二年との説もあり）百済の聖明王より日本に仏教が伝えられました。

仏教の発祥の地インドが香料の宝庫であったこともあり、仏教では沈香・黄熟香・浅香・白檀・龍脳・桂皮・丁字・鬱金・麝香など、実にさまざまな香料を仏への供香として用います。それらの香料も、仏教とともに日本へ伝えられたと考えられます。それまで、杉・檜・榊などの、ごく素朴な木の香りしかなかった日本に、これら濃密な香りをもつ香料が

一度にもたらされたわけですから、当時の人々がその香りに深く魅了されたであろうことは、想像に難くありません。

　これ以後、仏教で用いた香りは、日本の香り文化の一つのベースとして根づくことになります。

庶民を驚かせた香木の漂着

　仏教伝来からしばらく経った推古天皇三年（五九五年）四月、日本の香り文化にとって大きな出来事がありました。『日本書紀』には、淡路島に香木が漂着し、それを知らずに薪として炷いた島人がその芳香に驚いて朝廷に献上したと記されています。

　時の摂政・聖徳太子はこれを沈水香であると鑑定し、「沈水香は又の名を栴檀香といい、南天竺国の南岸に自生する」などといった解説まで加えています。つまり、上層階級にはすでに仏教とともに渡来していた香に触れる機会もあり、香木についての知識もありましたが、庶民の間ではまだ未知のものだったということです。

「焼香」から「加熱する香」へ

　七五四年の鑑真和上来日は、唐との交易の上で重要な出来事でした。和上の来日とともに持ち込まれた品には香料や医薬品が含まれており、練香の製造方法もこの時伝えられたとされています。それまでのお香は焼香として使われていましたが、練香が伝わったことにより、間接的に熱を加えて使用する炷き方が加わりました。これがやがて平安時代に大流行する「空薫」の文化へとつながっていくのです。

香りの歴史

平安時代

香りを「楽しむ」文化の誕生

平安時代になると、それまで専ら仏への供え物として使われていた「香り」が、貴族の間で趣味的に楽しまれるようになります。これは「空薫物（そらだきもの）」とよばれ、心静かに薫物（たきもの）の香りを楽しむほか、来客時には室内に焚いてもてなしました。

薫物は今の練香とだいたい同じものですが、各自の感性でさまざまに創作されました。創作した自分の香りを衣裳に焚き込めて着用することで、姿を見せなくとも誰なのかがわかるという役目も果たしていました。焚き込めた香りを「移り香」、風や動作によって移り香が漂うことを「追風（おいかぜ）」といい、衣裳に香りを焚き込める所作を「追風用意」といいました。

オリジナルの薫物で個性を表現

薫物はやがて「梅花」「荷葉」「落葉」「菊花」「黒方」「侍従」という六種類のテーマに大きく分類され、そこから各人が独自のアレンジを加えて香りが創案されるようになります。これを「六種（むくさ）の薫物」といいました（P14参照）。薫物の製法についての知識は貴族社会の教養の一つであり、調合された香りは教養やセンスの表現でもありました。各人・各家の薫物の調合法は秘伝とされていました。

お互いの香りを披露することは、やがて創作した薫物の優劣を決める「薫物合（たきものあわせ）」に発展します。薫物合は単に香りの優劣を比べるのではなく、香りの背景までも総合的に判ずるという、王朝の美意識を反映した情緒豊かなものでした。

魔除けとして生まれた掛香

この時代には他に薬玉(くすだま)や訶梨勒(かりろく)など、室内用の香り袋（掛香）の原型も生まれました。薬玉は五月五日の端午の節句に、不浄邪気を祓うために室内に飾るもので、蓬(よもぎ)や菖蒲(しょうぶ)、または布で玉の形を作り、中に調合した香料を入れます。訶梨勒は、もともとインド近辺に産するシクンシ科の樹木の果実を乾燥させた漢方薬のことで、これを袋に入れて室内に掛け、疱瘡(ほうそう)（天然痘）などの疫病除けとしていました。

訶梨勒

江戸時代より伝わる薫物調香資料

六種の薫物

鎌倉時代末期の薫物の伝書である『後伏見院宸翰薫物方』では、六種の薫物について次頁の表のように説明されています。

梅花・荷葉・菊花などは「〜のような香り」と具体的ですが、花そのものの香りを作るわけではありません。侍従にいたっては「ものあはれにて昔覚ゆる匂」と、なんとも抽象的なものです。あくまでもこれをもとにイマジネーションを膨らませる、ガイドラインのようなものだったのでしょう。

薫物	季節	『後伏見院宸翰薫物方』の説明	香りのイメージ
梅花（ばいか）	春	むめの花の香に似たり	梅の花に似た香り
荷葉（かよう）	夏	はすの花の香に通へり	蓮の花を思わせる香り
菊花（きっか）	秋	きくのはなむらむらうつろふ色 露にかほり水にうつす香にことならず	菊の花の様子を思わせる香り
落葉（らくよう）	秋	もみぢ散頃ほに出てまねくなる すすきのよそほひも覚ゆなり	葉の散る頃の哀れさを思わせる香り
侍従（じじゅう）	秋	秋風蕭颯（しょうそう）たる夕 心にくきおりふしもの あはれにて むかし覚ゆる匂によそへたり	秋風の吹く夕べのもののあわれを思わせる香り
黒方（くろぼう）	冬・祝い事	冬ふかくさえたるに あさからぬ気を ふくめるにより 四季にわたりて身に しむ色のなつかしき匂ひかねたり	深く懐かしい、落ち着いた香り

香りの歴史

鎌倉・室町〜戦国時代

主流は薫物から香木へ

平安末期から鎌倉時代にかけて、世の中は公家の社会から武家の社会へと移り変わります。それに伴って、公家好みの優美な雰囲気を持つ薫物は敬遠され、代わって落ち着いた香りの沈水香（じんすいこう）が歓迎されるようになりました。戦の多い不安な日常生活のストレスを解消するには、沈水香の清爽な香りが効果的だったのでしょう。

加えて、この時代には交易の発達により香木が入手しやすくなり、多くの産地からさまざまな香木が

聞香炉

入ってくるようになりました。その中には単品で鑑賞に耐える良質なものも多くあり、沈水香の最上品として「伽羅」の概念が生まれたのもこの頃でした。

　このように時代の気風と流通などの条件が整い、香りの世界では沈水香中心の流れが定着していきます。すなわち、香木そのものを炷くことが主流となっていったのです。

東山文化が育んだ「香道」

　武家社会の人々を惹きつけた香木の魅力は、足利義政を要とする重厚な東山文化の中で磨かれ、やがて一つの「道」＝香道を生み出していくことになります。

　義政の東山山荘には茶道、華道、連歌などさまざまな分野の文化人が集いました。香りについては、三条西実隆（さんじょうにしさねたか）と志野宗信（しのそうしん）が中心人物となりました。それぞれ、前者は御家（おいえ）流、後者は志野（しの）流という流派の祖とされており、現在でも香道はその二流派が主流となっています。

時の権力と結びついた香り

　このような背景の中、香木の付加価値は増大し、権力の象徴という側面も持つようになりました。

　時代に敏感だった織田信長は、自らの権威を示すため、東大寺秘蔵の名香・蘭奢待（らんじゃたい）を、勅許を得て裁断しました。豊臣秀吉も香木の収集に熱心でした。

　とりわけ香木に執着したのは徳川家康で、そのマニアぶりは武将のうちでも群を抜いていたようです。名古屋の徳川美術館に収められた家康の遺品の中で、香木はじつに六一八品目、約二六〇〇点にものぼります。

香りの歴史

江戸時代〜現代

経済の発達と香りの大衆化

江戸時代になると政治の安定とともに経済が発達し、商人をはじめとした一般大衆にも財力が備わってきます。今までは憧れるだけだったぜいたくな品、お香にも手が届くようになりました。

木製の枕の中に香炉を入れる香枕、着物の袖にしのばせる袖香炉、匂い袋など、香りを楽しむための多彩なグッズが生み出されました。現在もっとも普及している薫香製品である線香が国内で製造されはじめたのもこの時代です。

香道の広まりと組香の創作

香道も大衆化が進み、公家や武士はもちろん有力町人層にも広く浸透していきました。和歌などの教養を必要としたために、初めは知識階級の男性が中心でしたが、やがて遊戯的な要素を盛り込んださまざまな組香が創作されるようになり、一般の間にも香道は広まっていきました。

代表的な組香、源氏香が作られたのは寛永期（一六二四〜四四）といわれます。源氏香の図の幾何学的でシンプルなデザインは日本の美意識にかない、着物の柄などにも盛んに用いられました。

その後の香り文化

その後明治維新に伴う文明開化の動きや、戦争の時代を迎えて、香りの文化は一時、厳しい状況にありました。しかしそんな中でも伝統は脈々と受け継がれ、近年は再び、身近な「和」の文化としての香りの世界に関心を持つ人も多くなってきています。

『源氏香の図』より絵合（十七帖）
（三代歌川豊国・画）
国立国会図書館所蔵

香り文化を伝えるために

香原料はすべて天然素材であり、人工的な栽培や増殖が困難なものは現在、減少傾向にあります。特にもっとも重要な沈香・伽羅は減少の一途をたどっており、枯渇が心配されています。

沈香樹の樹内に樹脂が溜まるには数十年以上かかり、熟成期間を加えると数百年を要することもあり、原木を取りつくしてしまえば長期間のブランクが生じます。このためベトナムやインドネシアなど産出国では香木の輸出規制も行われています。

このような危機的状況を救うため、沈香の植林事業も行われています。植林された沈香の香りは、自然に生成された最上のものには遠く及びませんが、日本の香り文化を数百年後の未来に伝承していくためには、こうした努力が不可欠になっています。

お香の種類

お香には大きく分けると三つのタイプがあります。それぞれの特徴を知り、まずは使いやすいものから始めてみましょう。

1 火をつけるタイプ

直接火をつけ、香炉や香皿、香立てに置いて使うお香。スティック、渦巻き、コーンなどの形状があります。最も手軽に使えるお香といえます。

空薫

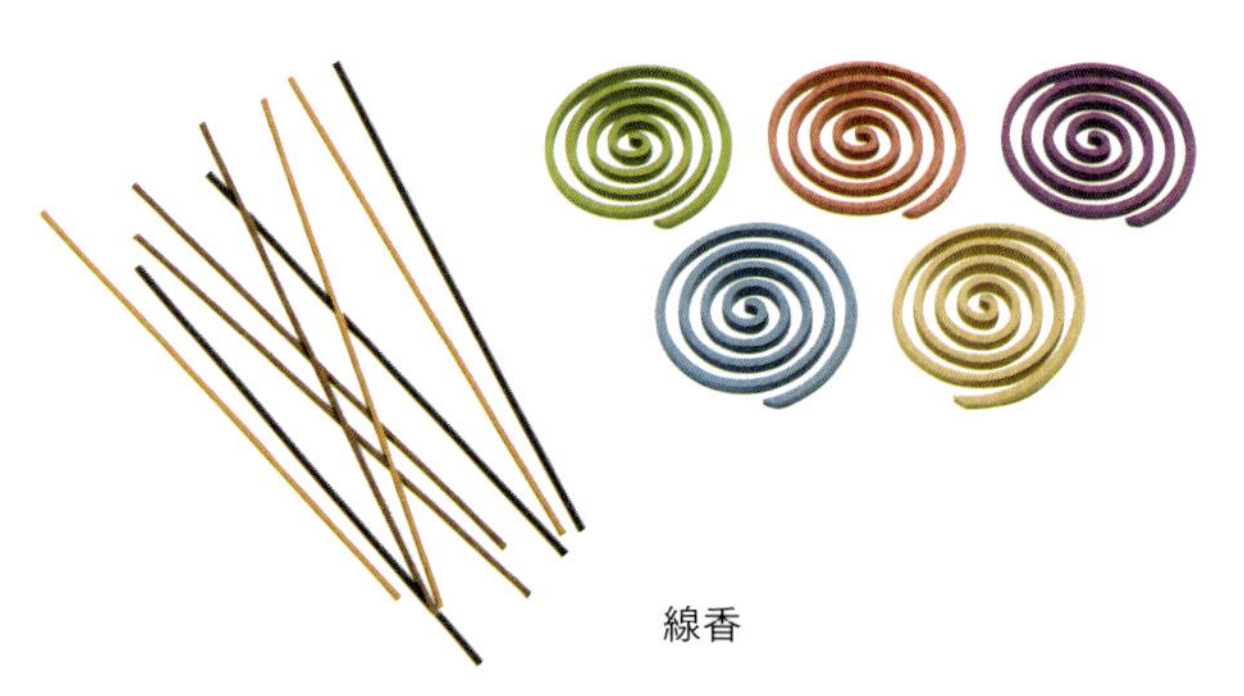

線香

2 加熱するタイプ

香を直接燃やすのではなく、炭で温めた灰の上に置いて、気化した香りを漂わせます。練香、印香のほか、刻んだ香木をそのまま用いる場合もあります。

練香

印香

3 常温で香るタイプ

香原料を細かく刻んで調合したものを、布や紙に包んで香りを楽しみます。匂袋や文香、掛香のほか、手につけて使う塗香(ずこう)などもあります。

匂袋（巾着）

御所袋

文香

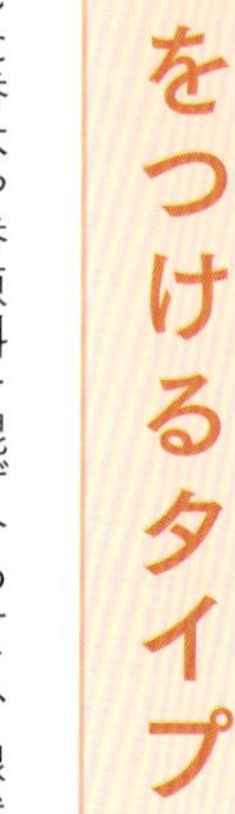

1 火をつけるタイプ

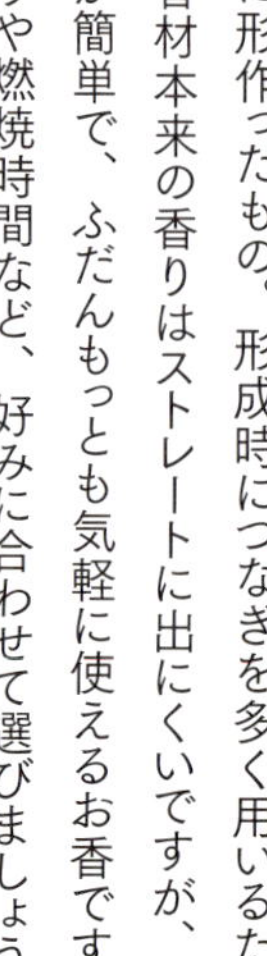
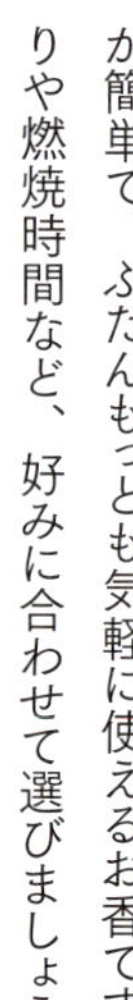

粉末にした香木や香原料を混ぜ合わせて、線状などに形作ったもの。形成時につなぎを多く用いるため、香材本来の香りはストレートに出にくいですが、着火が簡単で、ふだんもっとも気軽に使えるお香です。香りや燃焼時間など、好みに合わせて選びましょう。

スティック型

仏前に供える線香でお馴染みのタイプ。太さや長さがさまざまで、香りの種類もたくさんのバリエーションがあります。燃焼スピードが一定で、香りにむらがないのが長所。燃焼時間のめやすは長さ 14 センチ（短寸）のもので約 30 分程度です。

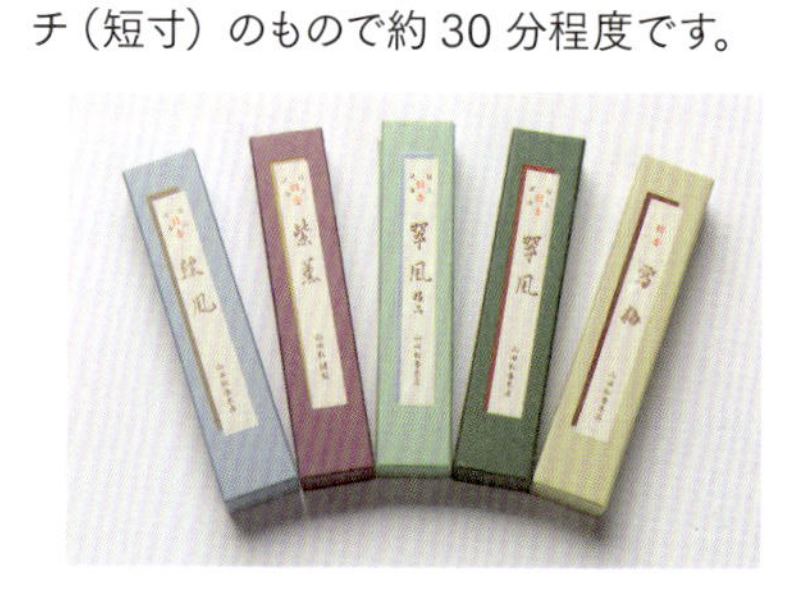

コーン型

三角形の先端に火をつけます。香皿に置くだけで使え、香立てが不要なので手軽ですが、下に行くほど燃焼面積が広くなるため、煙が多くなるのがやや難点です。

渦巻き型

スティック型と同様に使えますが、燃焼時間が長いので、広い部屋や、玄関などの風がよく通る場所に向いています。渦の中央を支える形の香立てを用います。

抹　香

細かい粉末状のお香。主に寺院で、常香盤（線状に置いた抹香の一端に火をつけて炷く道具）などで長時間お香を炷く場合に用いられます。上に焼香を載せる火種としても使用します。

常香盤

焼　香

主に仏前で使われる、刻んだ香木や香原料を調合したもの。炭を熾して灰の上に置き、その上に載せて焚きます。

2

加熱するタイプ

香炉に灰と炭を入れ、その上に香を載せると、熱で香りが気化して漂います。煙が出ないため、燃やすタイプよりも純粋な香りを堪能することができます。聞香・空薫という二通りの楽しみ方があります。

(聞香については62ページ、空薫については66ページ参照)

香木

沈香(じんこう)、伽羅(きゃら)、白檀(びゃくだん)など、香の原料となる木そのもの。薄く削り取り、1センチ角程度の大きさにした状態のものが角割で、その他に刻みや粉末などに加工されます。聞香では、香木を3～5ミリ角程度の幅に細く割ったものを用います。

練　香

粉末にした香原料を調合し、蜜や梅肉、炭などで練り合わせて丸薬のような形にし熟成させたもの。空薫で楽しみます。平安時代には「薫物（たきもの）」と呼ばれて貴族の間で流行し、さまざまな調合法が編み出されました。

印　香

粉末にした香原料を、型で押し固めて乾燥させたお香。草花を象ったものなど、色や形のバリエーションが豊富で、季節に合わせて選ぶ楽しさもあります。空薫で用いますが、直接火をつけることができるものもあります。

3 常温で香るタイプ

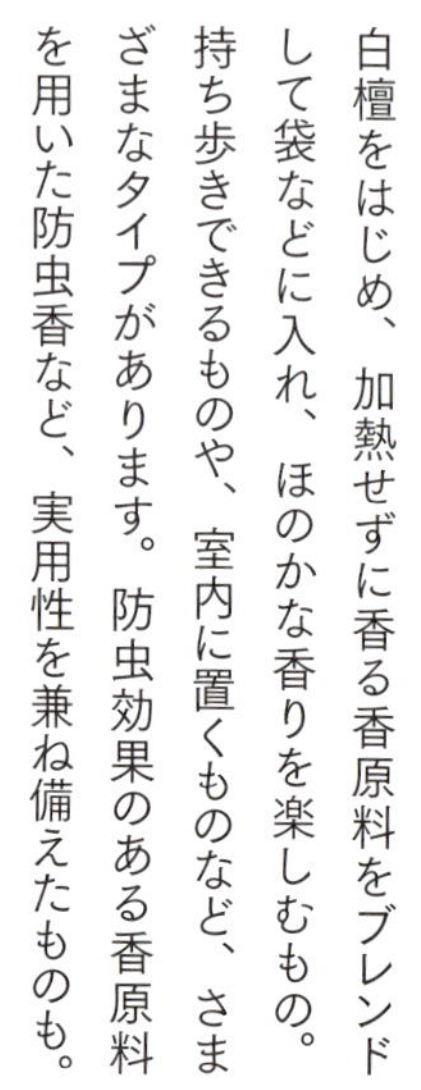

白檀をはじめ、加熱せずに香る香原料をブレンドして袋などに入れ、ほのかな香りを楽しむもの。持ち歩きできるものや、室内に置くものなど、さまざまなタイプがあります。防虫効果のある香原料を用いた防虫香など、実用性を兼ね備えたものも。

巾着型

匂袋

白檀や丁字、桂皮、龍脳などの天然香原料を細かく刻んで調合したものを袋に詰めたもの。引き出しやバッグに入れて衣類や小物の移り香を楽しみます。香りが薄くなってきたら中身を詰め替えて使えます。

御所袋

防虫香

髭籠（ひげこ）

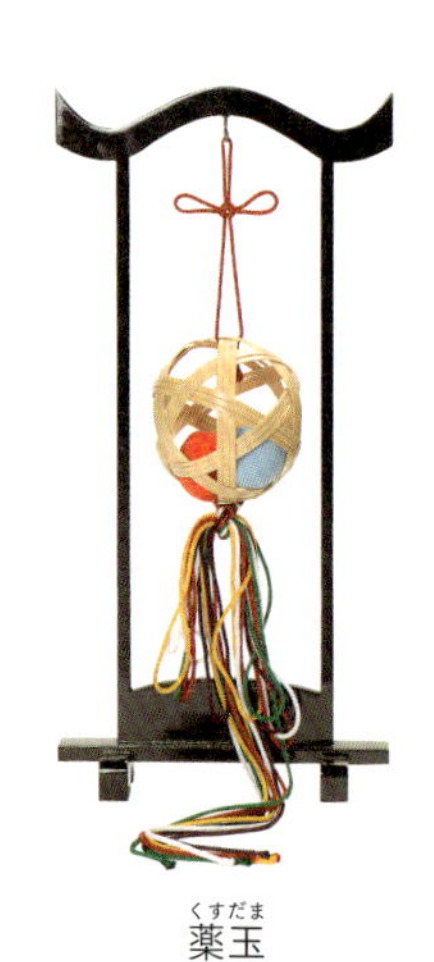

薬玉（くすだま）

匂袋のいろいろ

ポシェット型の匂袋

バッグなどに入れやすい薄型の匂袋

着物の袖を象った匂袋

扇子袋型の匂袋

掛香・置き香

部屋の壁や車の中に吊るしたり、棚やテーブルに置いたりして楽しむ、インテリアを兼ねたお香です。形はさまざまで、見た目にも華やかです。デザインによって季節感の演出もできます。

掛香

掛香用の塗り飾り台

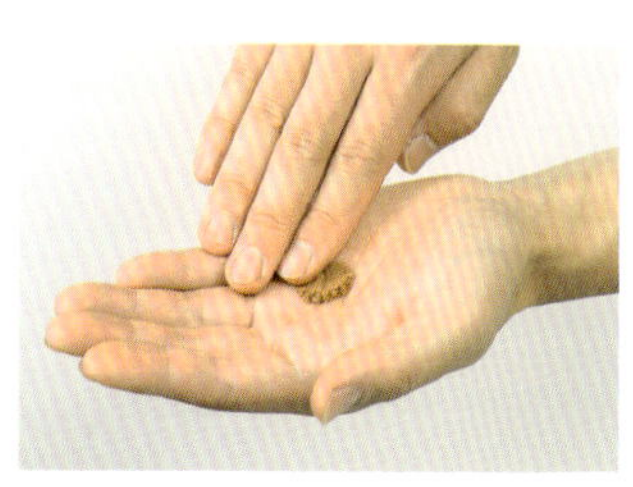

塗香（ずこう）

粉末にした香木や香原料を調合したお香です。寺院・神社に参拝する前や写経前などに、手のひらに塗って清めるために使います。

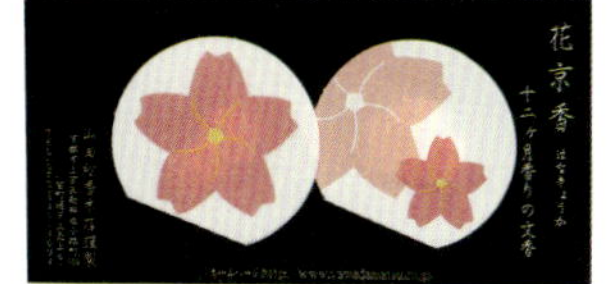

文香（ふみこう）

少量の匂香を和紙に封じ込めたもの。手紙に同封したり、名刺入れにしのばせたりすれば、ほのかな移り香が好印象を与えます。

手紙にさりげなく添えて

お香の原料

薬種・香原料

お香の原料となる天然香原料の中には、樹木や樹脂の他、薬種として漢方に使われるものも多数あります。
また料理用のスパイスや動物性のものもあります。
ここでは、伝統的な香原料をご紹介します。

植物性

安息香（あんそくこう）

エゴノキ科の安息香樹の樹脂

産地　タイ、インドネシア他

特長　薫香の保香や化粧品などに用いられる。甘い香りで、呼吸器系に薬効がある。東南アジアの産物がアラビア系民族により交易されていたことから、中国では古くからその薬効が書物に記されていた。粉末にして使用することが多い。

用途　練香、線香、焼香など

桂皮（けいひ）

クスノキ科の常緑高木の樹皮

産地　スリランカ、中国、ベトナム

特長　用途が広く様々な香製品に使われる。スリランカ産のセイロン桂皮を「シナモン」、中国・ベトナム産を「カシア」と言い分ける。生薬として健胃剤・風邪薬、防腐剤等に広く用いられる。

用途　線香、焼香、匂香、食品香料、薬種

薫陸（くんろく）

クンロクコウ類の樹脂

産地　インド、イラン、インドネシア他

特長　樹脂が土中に埋没して生じた半化石状樹脂。正倉院にも保存されていて、五香の一つとして重要な香原料だったが、現在の使用量はそう多くない。

用途　練香など

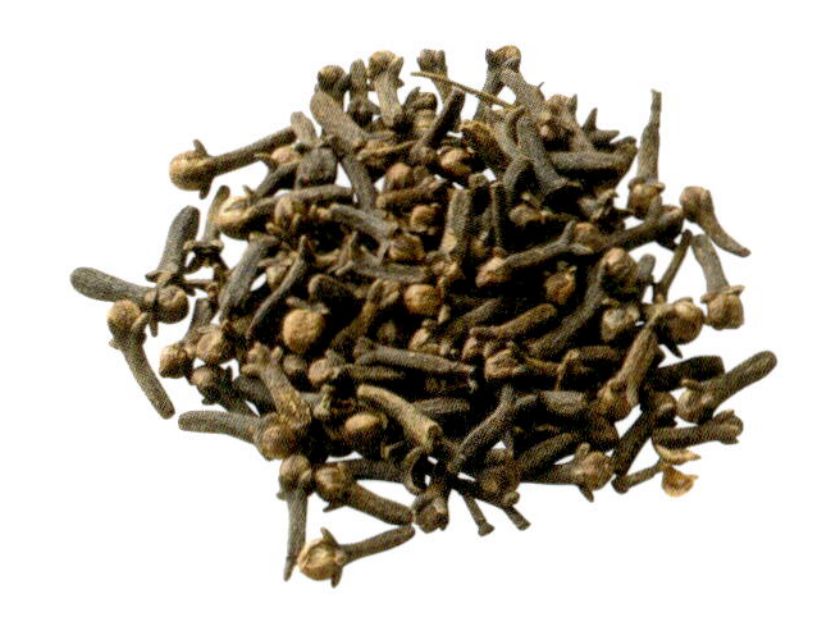

丁子（ちょうじ）

フトモモ科の常緑高木の花蕾

産地　インドネシア（モルッカ諸島）、東アフリカ（ザンジバル他）

特長　蕾が釘の形に似ているため丁子の名がついた。苦味に特徴があり香原料として広く使われ、胡椒と並ぶ代表的スパイスで料理にもよく使われる。防腐剤や健胃にも効果があり、他に歯痛薬の代表的な成分でもある。

用途　線香、焼香、匂香、食品香料、薬種など

乳香（にゅうこう）

乳香樹の樹脂

産地　アラブ地方、エチオピア、インド等

特長　紅海沿岸産のカンラン科の植物から得られる、ゴム質を含んだ樹脂。没薬とともに古代オリエント、エジプトの代表的香料で、最古の香料の一つ。現在でもキリスト教の教会で焚かれるなど広く普及している。

用途　線香、焼香など

龍脳（りゅうのう）

龍脳樹の樹脂

産地　インドネシア周辺

特長　インドネシア（主にボルネオ島・スマトラ島）原産のフタバガキ科の龍脳樹より採取される白い鱗片状の樹脂の結晶。薫香原料として調合香には欠かせない品で、香を炷いた時に最初に感じるのがこの香りである。芳香は涼やか。焼香や線香など用途は広い。防虫・防腐効果に優れていて、また沈静効果もあるとされている。

用途　線香、焼香、匂香、防虫香など

藿香（かっこう）

シソ科の多年生草本の葉

産地　インドネシア、インドシナ半島

特長　南アジア原産のシソ科の多年草で葉から芳香を発するが、乾燥しないと香りは出てこない。香料としては精油が主だが、調合香にもよく使用される。防虫効果の他に解熱、鎮痛効果がある。欧州では「パチョリ」と呼ばれており、語源はインドのタミール語である。甘さのある爽やかな香り。

用途　線香、焼香、匂香、印香など

大茴香（だいういきょう）

マツブサ科の常緑樹の実

産地　中国南部、インドシナ半島北部

特長　樹齢六年後より実を付けはじめ、その後百年以上も結実し続ける。完熟してから採取し、乾燥させる。果実は八角の星形をしているので、八角茴香ともいわれ、線香や焼香原料の他、中国料理用のスパイスとしてよく利用される。防腐効果、また生薬として健胃に効果がある。呼気を甘美にする効果もあり、歯磨き粉や口腔清涼剤の香料にも用いられる。

用途　線香、焼香、匂香、印香、食品香料など

かんしょう
甘松

スイカズラ科草本の根茎

産地　中国、インドなど

特長　香料としては根が適しており、茎は生薬として鎮痛、健胃に用いられる。単独では芳香と言い難く、他の香料と組み合わせると香に厚みが増すため、調合香に多用される。

用途　線香、焼香、匂香など

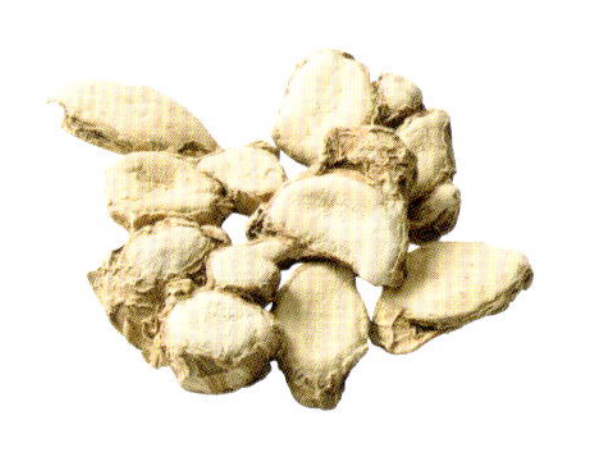

さんな
山奈

ショウガ科多年草の根茎

産地　中国南部

特長　根茎を薄く輪切りにし、乾燥させて用いる。芳香と防虫効果があり、衣類の虫除けとして匂香等によく使われる。

用途　焼香、匂香など

もつやく
没薬

カンラン科
ミルラノキ属の樹脂

産地　アラブ地方、アフリカ

特長　最古の香料の一つ。ミイラ作りに防腐剤として使用された。鎮静・鎮痛に薬効がある。

用途　焚香、防腐剤など

うこん
鬱金

ショウガ科ウコン属の多年性草木
ウコンの根茎

産地　インド、南アジア

特長　平安時代には五香の一つとして重要だった。香料や染料、薬材として使われる。カレー粉の原料として有名。生薬として健胃に薬効がある。

用途　染料、薬種、食品染料など

動物性

麝香（じゃこう）

ジャコウジカ科の雄の分泌物

産地　中国、ネパール

特長　麝香自体は芳香とはいいがたいが、極度に薄めるとよい香りになり、保香剤として広範に使用される。非常に高価なため高級品以外では合成麝香が用いられることが多い。強心剤として漢方でも使用される。

用途　練香、線香、匂香など

龍涎香（りゅうぜんこう）

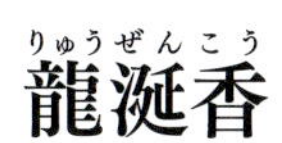

マッコウクジラの分泌物

産地　南洋

特長　マッコウクジラの消化器内に生じるロウ状物質。保香に用いられ、麝香とともに動物性香料の双璧をなす。強心、鎮痛に薬効がある。

用途　薬種、香料など

貝甲香（かいこうこう）

アフリカ産の巻貝の蓋

産地　南洋

特長　粉末にして調合香に用いる。保香剤として重要な役割を果たす。

用途　練香、線香など

※代表的な香原料をご紹介しましたが、この他にも多くの香原料があります。

お香の原料

香木

お香の原料の基本となる三種の香木（沈香、伽羅、白檀）についてご紹介します。

日本の香り文化の基調をなす香木

沈香

沈香の原木は東南アジア周辺の熱帯雨林に分布するジンチョウゲ科アキラリア属の樹木です。

風雨や害虫などさまざまな要因で樹木が傷つくと、樹脂を分泌します。樹脂は樹木内に数十年以上の長い年月をかけて蓄積され、さらにそれを上回る歳月を経て熟成されます。この、樹脂が沈着した部分が沈香と呼ばれます。百年以上を経た良質の沈香は、たいへん貴重な香材です。

原木自体は比重の軽い木ですが、樹脂が沈着した部分は重くなり、水に沈むため、沈香（沈水香）の名がつけられました。

沈香は樹脂の沸点が高いため常温

沈香の原木

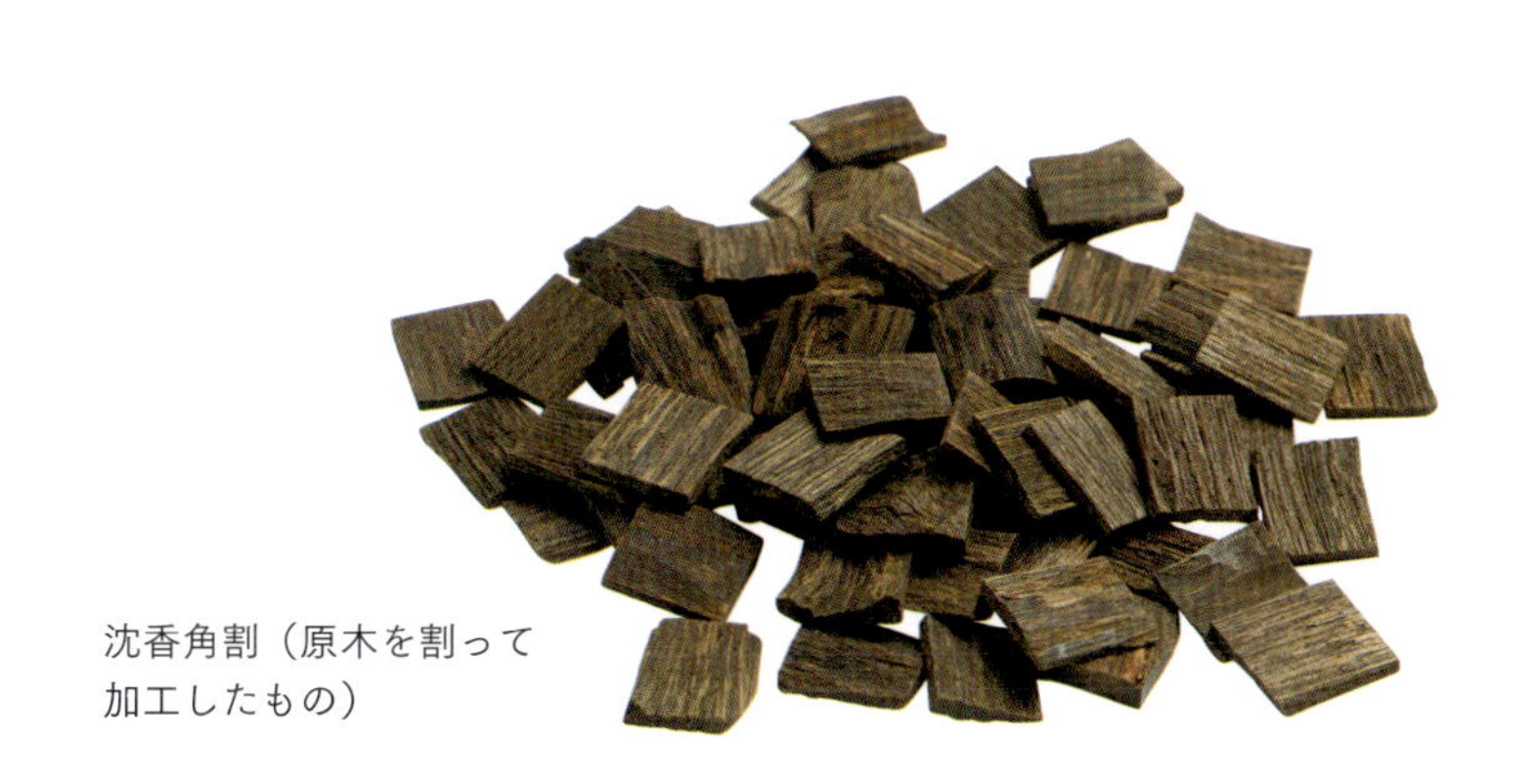
沈香角割（原木を割って
加工したもの）

ではあまり香りがしませんが、加熱すると幽玄な香りを発します。その香りは鎮静効果・リラクゼーション効果に優れており、戦国時代の武士は戦の前にたかぶる精神を鎮めるのに用いたといわれます。

香道で用いられる香木は伽羅と共にこの沈香です。沈香はベトナム・カンボジア産、マレー半島産、インドネシア産などでそれぞれ香りの系統が違い、また木によっても香りが微妙に異なります。それらの繊細な違いを聞き分けることが、香道の基本となりました。沈香はいわば、「日本の香り文化」の基調をなすものといえるでしょう。

伽羅（きゃら）

ますます価値の高まる最上の香り

伽羅は沈香と同じくジンチョウゲ科アキラリア属の樹木で、インドシナ半島産沈香と同系であり、そのうちの最上品といえます。

ベトナム周辺で採取され、安南山脈南部に良品が多いのですが、産地が限定的なうえ産出量も少なく、たいへん貴重な香材です。古来、その価値は金にも等しいとされてきました。供給が減少の一途をたどる現在、大切に扱わなければなりません。

香りは非常に多様で複層的です。樹脂分が多く、沈香よりも低温で芳香を放ちます。この香りを最大限に引き出すのは、聞香様式が適っています。日本の香り文化の中心素材としてなくてはならないもので、この香材なくしては香道は形を成さなかったともいえます。

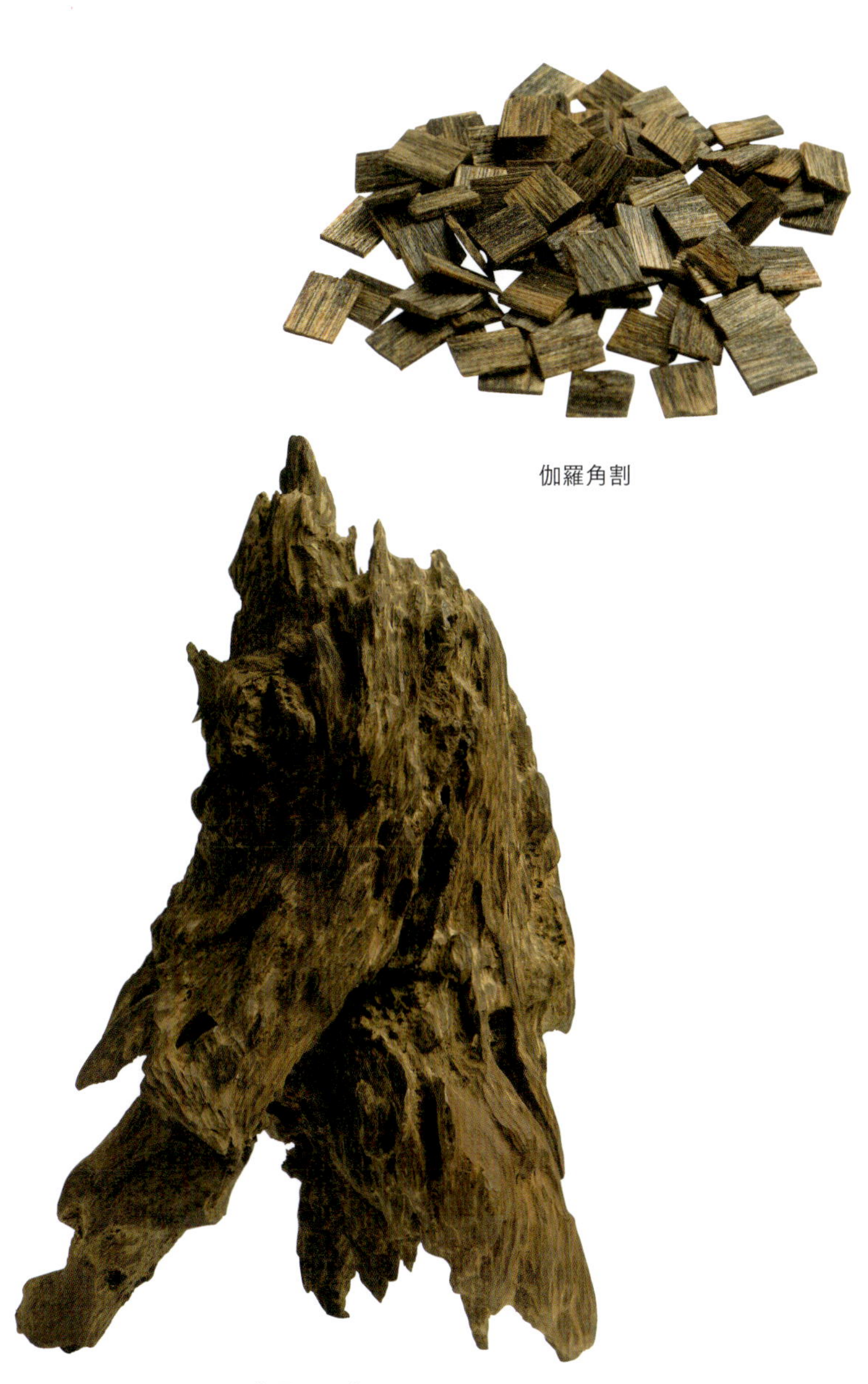

伽羅角割

伽羅の原木

白檀（びゃくだん）

さまざまに用いられる甘く爽やかな香り

ビャクダン科の半寄生常緑樹。原産地はインドネシア・チモール島周辺で、アジア・太平洋の赤道近辺に広く分布します。インド南部、特に岩山の北斜面に産出するものが最上品とされ、「老山白檀」と呼ばれています。

甘く爽やかな香りの成分は樹脂でなく精油で、沈香と違って常温のままでも香ります。幹の表面や葉はあまり香らず、芯に近いほど香りが強くなります。香材としては、幹部の芯材を削り出し、十分乾燥させ、角割・刻みなどにして使用します。

香材のほか、仏像などの彫刻、扇子、念珠などにも幅広く利用されています。防虫効果に優れているため、正倉院御物にも防虫香として添えられていました。精油を抽出してアロマオイルとしても使われています。

調合香の中心素材としての役割が重要で、練香、線香、焼香、匂香など幅広く用いられます。

白檀角割

白檀の原木

香十徳

香の優れた効能を10の言葉で言い表したもの。北宋の詩人・黄庭堅の漢詩を元にしたもので、室町時代に一休宗純が日本に伝えたといわれています。

1. **感格鬼神** ― 感は鬼神に格(いた)る　感覚を研ぎすましてくれる
2. **清浄心身** ― 心身を清浄にす　心身を清らかにする
3. **能除汚穢** ― 能(よ)く汚穢を除く　よく汚れを取り除く
4. **能覚睡眠** ― 能(よ)く睡眠を覚ます　よく眠気を覚ます
5. **静中成友** ― 静中に友と成る　一人で静かに過ごす時の友となる
6. **塵裡偸閑** ― 塵裏(じんり)に閑(ひま)を偸(ぬす)む　忙しい時に心の余裕を与えてくれる
7. **多而不厭** ― 多くして厭(いと)わず　多くても邪魔にならない
8. **寡而為足** ― 寡(すくな)くして足れりと為す　少なくても十分足りる
9. **久蔵不朽** ― 久しく蔵(たくわ)えて朽(く)ちず　長い年月を経ても朽(く)ちない
10. **常用無障** ― 常に用いて障り無し　常に用いても害がない

レッスン 2

お香の楽しみ方

毎日の暮らしの中に、 お香を取り入れてみたいけれど、
手軽な方法はある？
もっと身近に、もっと気軽に和の香りに親しみたい方のために、
暮らしの中でお香を楽しむための方法をご紹介します。

暮らしとお香

ふだんの暮らしの中で、もっと気軽に「香り」を取り入れてみましょう。さまざまなシーンで「香り」を楽しむアイデアをご紹介します。

住まいの中で

Case 1 玄関

玄関はお客様の第一印象を決める大事なポイント。品のある香りはそれだけで好印象を与えます。お客様の訪れる三十分ほど前からお香を焚き始め、ほのかな残り香でお迎えしましょう。甘すぎない、香木系の落ち着いた香りがおすすめ。

Case 2

パウダールーム

消臭も兼ねて、スティックタイプのお香でさわやかに演出してみましょう。小型のかわいい匂袋を置いておくのも、さりげないインテリアになります。

Case 3

リビング

お気に入りの香りが漂うリビングは居心地のよいもの。お掃除のあとは線香で空気をリフレッシュ。お部屋の彩りには、季節に合わせた香飾りを。

Case 4
寝室

就寝前のくつろぎの時間は、白檀など刺激の少ない香りでリラックス。

Case 5
クローゼット

クローゼットには防虫効果もある掛香を。天然香原料の穏やかな香りで、袖を通す時も心地よく着られます。タンスの引き出しには防虫香を。

Case 6
キッチンまわり

料理をしたあとには、いろんな匂いが残っているもの。消臭効果のあるお香を置くのもいいでしょう。さっぱりした香りのお香がおすすめです。

Case 7
バスルーム・洗面所

バス・洗面所など水回りにもお香を置けば、毎朝リフレッシュ、朝の身支度もすっきりします。一日のはじまりにさわやかな香りのお香が集中力を高めてくれます。

Case 8
書斎

書斎は、ゆっくり読書したり、音楽を聴いたり、自分だけの時間にゆっくり浸れるプライベートな空間。好きな香りを長く楽しむため、長時間持続するタイプのお香がいいでしょう。

香りを持ち歩く

Case 1

お出かけに

バッグの中に薄型の匂袋を入れておくと、開けた時にほのかな香りが楽しめます。小物にも香りが移る効果も。お財布などにつけるストラップ型の匂袋も手軽な香りのおしゃれ。

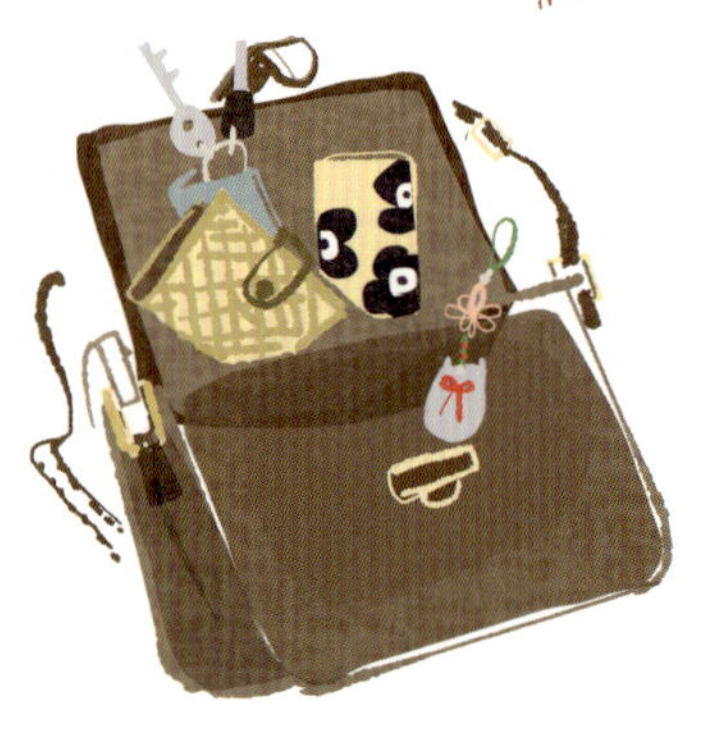

Case 2

身につけて

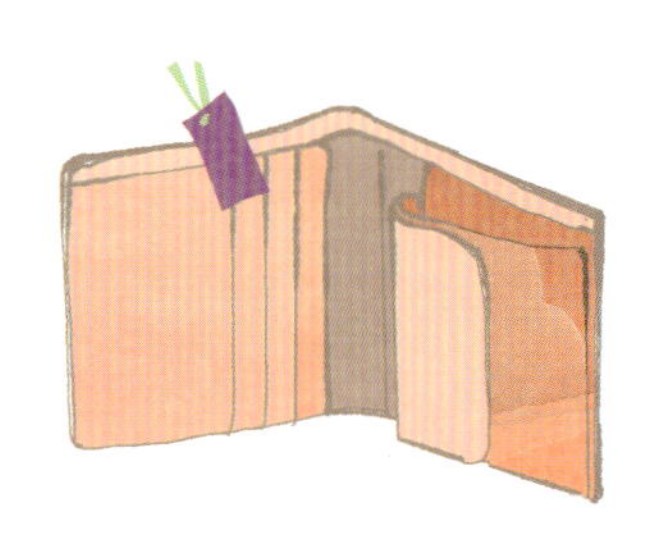

いつも身につけるハンカチにお香の香りを移しておくと、リラックスできます。また、財布に小さな匂袋を入れておけば、開けるたびに匂い立ちます。

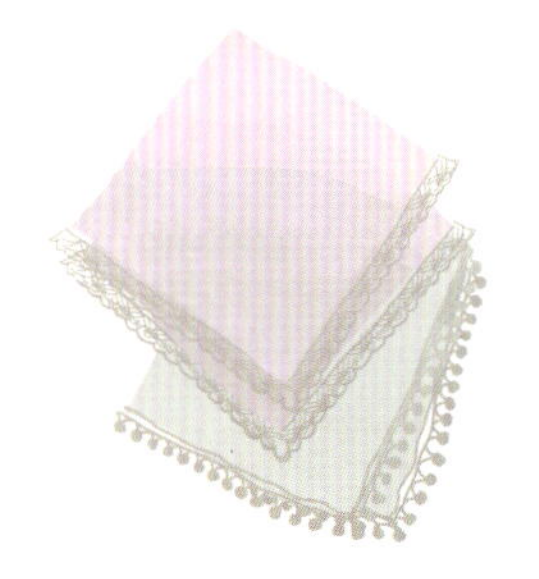

Case 3
しおり
便箋・封書

お気に入りの香りを本のしおりに移しておくと、本を開くたびに香りが漂います。便箋や封書に文香を入れたり、香りを移せば、ほのかな香りが移ります。

Case 4
ビジネスに

文香を名刺入れにしのばせておくと、名刺交換の際に移り香がほのかに香ります。ビジネスの相手にさりげなく好印象を与える香りの演出です。

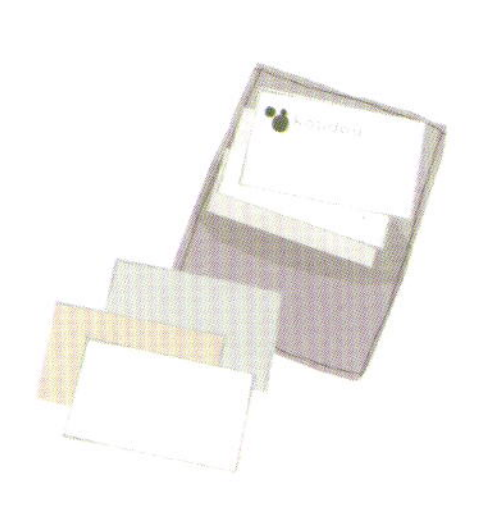

Case 5
香りをまとう

和装には強い香りは禁物。小さな匂袋をたもとや懐にしのばせて、奥ゆかしい香りのおしゃれを。帯揚げなどの小物はタンスの引き出しに匂袋を入れておくとほのかな移り香を楽しめます。

匂袋を小さなボール状に形作ってヘアゴムにつければ、動くたびにふわりと香るオリジナルのヘアアクセサリーの出来上がり。シュシュなどの髪飾りも、匂袋と一緒にしまっておくとほんのり香ります。

香りを贈る

お香は古く平安時代にも贈り物にされてきました。お祝いやちょっとしたプレゼントなど、さまざまな場面で香りと共に寿ぎや感謝の気持ちを届けてみてはいかがでしょうか。

結婚、誕生などの慶事、入学・入社、節句など、さまざまなお祝いに、伝統的な形のものや、縁起物を象(かたど)った華やかな匂袋や室内香などがあります。

訶梨勒

香飾り　鴛鴦(おしどり)

御所袋

香飾り　折鶴(おりづる)

香飾り　髭籠(ひげこ)

香飾り　金の酉(きんのとり)

お誕生日や日常の贈り物、心づけ、お配りものなどにも最適です。気軽に使える小さな匂袋や室内香、文香、お香の手作りセットなどもあります。

文香

掛香

さまざまな用途に使える
香り結び紐

掛香（扇）

12か月の花を象った印香

匂袋が作れるセット

季節のお香の楽しみ方

お香は一年中使うことができますが、四季折々に合う香りや楽しみ方を自分なりに探してみるのも面白いものです。香炉や香飾りなど小物で季節感を演出すれば、いちだんと風情が増すことでしょう。

春

匂袋（紅梅、桜、白梅、桜花びら）

香立つきスティック型線香

夏

匂袋（ひまわり、睡蓮、あさがお、あじさい）

かやり香（掛香、根付）

秋

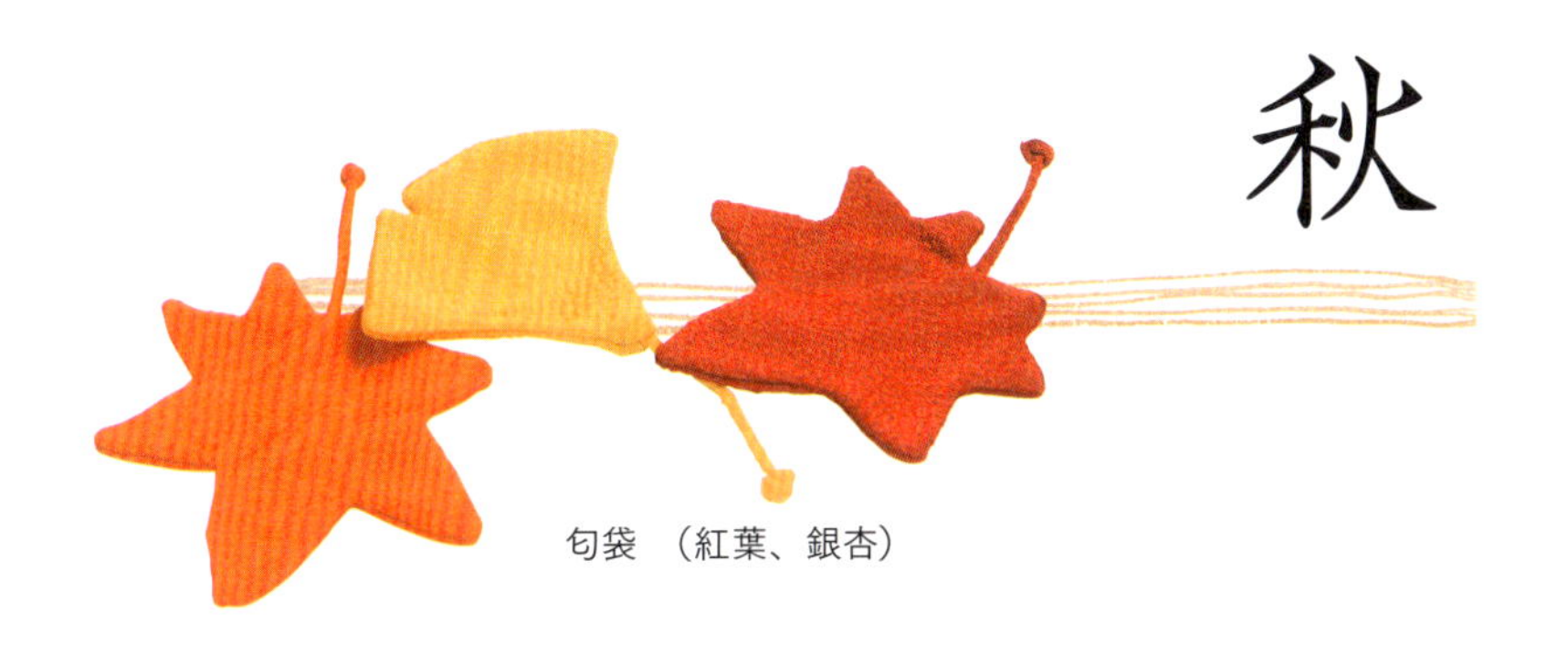
匂袋　（紅葉、銀杏）

つまみ香飾り　（梅、桜、桔梗、菊）

冬

匂袋　椿（玉椿、唐椿）

春

芽吹きを思わせるフレッシュな香りで新しい生活のスタートを切りましょう。ポジティブな気分になれる丁字や大茴香などのスパイシーな香りもおすすめ。

夏

暑苦しい季節は香りで涼しさの演出を。
清涼感のある白檀の香りは夏にぴったり。
風を送るたびにほのかに香る白檀の扇子も、
おしゃれな夏小物です。

秋

夜の読書タイムには沈香などの
落ち着いた香木の香りがぴったり。
空薫きで奥ゆかしい香りをじっくり味わうのも、
秋の夜長にふさわしい楽しみ方でしょう。

冬

何かと気ぜわしい年末、時には鎮静効果のある沈香の香りで心を鎮めて。
お正月には、雅やかな伽羅の香りが似合います。
床の間にも新しい年の香飾りを。

香りを作る楽しみ

匂袋の作り方

タンスに入れて衣類や小物にほのかな香りを移す匂袋を作ってみましょう。わずかなはぎれで作れるので、たくさん作ってプレゼントにしてもよいでしょう。

用意するもの

◎はぎれを袋状に縫ったもの（ちりめん、金襴など）
◎ひも　30cm程度

◎細かくした香原料（白檀・大茴香・丁字・龍脳・甘松・桂皮・山奈・藿香など）
◎調合碗
◎計量スプーン

香りを調合する

①用意した香原料を混ぜていきます。衣類用なら、防虫効果のある白檀と丁字をベースにするとよいでしょう。
★一つ一つの香りは個性的ですが、混ぜることによってそれぞれの良さが引き立て合い、深みのある香りになります。

②調合した匂香は密閉できる瓶などに入れておきましょう。この状態で少しおくと香りがなじみます。

袋に詰める

①袋の口を開け，調合した匂香を詰めます。しっかり固めに詰めましょう。

②六、七分目ほど入れたら、中身がこぼれないように袋の口を細かく蛇腹に折って閉じます。ひもを袋の口に巻いてかた結びします。ひもの両端も合わせて結びます。

香りを作る楽しみ

練香の作り方

練香（薫物）は奈良時代に鑑真和上がさまざまな香薬とともに伝えたとされています。

平安時代になると大宮人たちが、独自に香りを調合し、その優劣を競う「薫物合」がさかんに行われました。

平安貴族が「薫物合」で自分だけの香りを作り出したように、オリジナルの練香を作ってみましょう。

完成した練香は、空薫で楽しみます。

用意するもの

◎香原料の粉末（沈香・白檀・龍脳・丁字・甘松・安息香・薫陸・貝甲香・麝香など）
◎炭粉
◎蜂蜜
◎調合碗
◎計量スプーン
◎密封容器

①香原料を調合碗に入れて混ぜていきます。一種類加えたら香りを確認しながら、好みの香りに調合します。
★調合した割合は、次に同じものが作れるよう忘れずに記録しておきましょう！

②炭粉を加えて混ぜます。

③全てが均一に混ざったら、蜂蜜を少しずつ加えます。

④粘りとつやが出るまでよく練り、手で丸められる程度の固さにします。

⑤直径7〜8ミリ程度の大きさに、手で丸めます。
でき上がったら、乾かないように密封できる容器に入れ、冷暗所で保存します。

蜜と練香

鑑真和上の帯同品の中には蜜も含まれていました。蜜は丸薬作りに必要な医薬品としてだけではなく、日本の香り文化に大きな影響を及ぼす練香の製造にも欠かせないものです。和上が伝えたとされる練香は数種の香料を混合し、蜜で練ったもので、平安時代に全盛期を迎える「薫物」の原型となりました。

聞香

奥深い香りの世界を堪能する

香を炷いて香りを鑑賞することを「嗅ぐ」とはいわず「聞く」と表現します。「聞く」には、静かに心を傾けて、香りをゆっくり味わうという意味が込められています。

聞香は、香木の香りを堪能するには一番適した方法です。用意する道具は、聞香炉・香炭団・香炉灰・銀葉・火道具（火箸・銀葉挟・灰押など）、そして好みの香木。聞香用の香炉は手のひらに収まる大きさで、蓋のないものを使います。銀葉は錫で縁取りをした薄い雲母の板で、この上に香木を載せて加熱することによって、熱が均一に伝わり、安定した香りを聞くことができます。香木は２×５ミリ程度にごく細かく割ったものを用います。この小片で、十分に香りを味わうことができるのです。

お気に入りの香木一つをじっくり聞くのも、いくつかの香りを聞き比べるのも、楽しいものです。

聞香の手順

1

聞香炉に香炉灰を入れ、火箸で全体をかきまぜて灰を柔らかくします。ライターなどで香炭団に火をつけ、全体に火を熾します。

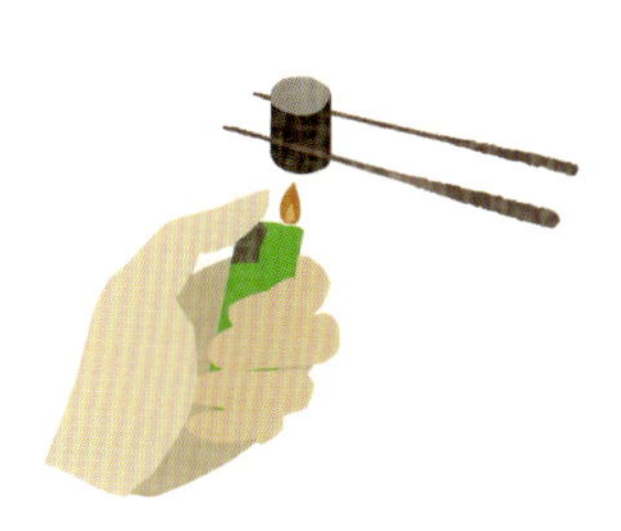

2

炭団全体に火が回ったら、香炉の中央に炭団を埋め込みます。埋める深さは、炭団の上表面と灰の高さが同じになる程度を目安に。

3

香炉を左手で回転させながら、火箸で灰を中心にかき寄せ、炭団に被せるように中央に山を作ります。

4

香炉を回しながら、灰押で灰山を軽く押さえ、中央のとがった円錐（えんすい）になるように形を整えます。

5

灰山の頂点から、炭団に当たるまで垂直に火箸を挿し込み、穴をあけます。これを火窓（ひまど）といいます。

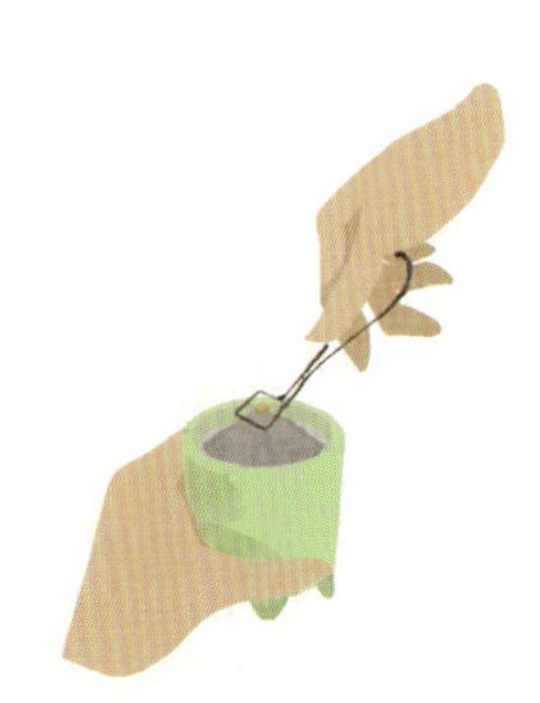

6

火窓の上に、銀葉を水平に載せ、銀葉の中央に香木を載せます。

恐縮ですが切手をお貼りください

郵便はがき

170-0011

東京都豊島区池袋本町3－31－15

(株)東京美術　出版事業部　行

毎月10名様に抽選で
東京美術の本をプレゼント

この度は、弊社の本をお買上げいただきましてありがとうございます。今後の出版物の参考資料とさせていただきますので、裏面にご記入の上、ご返送願い上げます。
なお、下記からご希望の本を一冊選び、○でかこんでください。当選者の発表は、発送をもってかえさせていただきます。

もっと知りたい歌川広重
もっと知りたい伊藤若冲
もっと知りたいモネ
もっと知りたいピカソ
もっと知りたい東大寺の仏たち

すぐわかる日本の美術［改訂版］
すぐわかる西洋の美術
すぐわかる東洋の美術［改訂版］
すぐわかる画家別 水彩画の見かた
すぐわかる産地別やきものの見わけ方［改訂版］

てのひら手帖【図解】日本の絵画
てのひら手帖【図解】日本の仏像
小村雪岱　物語る意匠
神坂雪佳　琳派を継ぐもの
鏑木清方　清く潔くうるはしく
ビアズリー怪奇幻想名品集
北斎クローズアップⅠ 伝説と古典を描く
ミュシャ スラヴ作品集
フィンランド・デザインの原点
かわいい琳派
かわいい絵巻
かわいいナビ派

お買上げの本のタイトル（必ずご記入ください）

フリガナ
お名前

年齢　　歳（男・女）

ご職業

ご住所
〒　　(TEL　　)

e-mail

●この本をどこでお買上げになりましたか？

書店／　　美術館・博物館

その他（　　）

●最近購入された美術書をお教え下さい。

●今後どのような書籍が欲しいですか？　弊社へのメッセージ等もお書き願います。

●記載していただいたご住所・メールアドレスに、今後、新刊情報などのご案内を差し上げてよろしいですか？　□ はい　□ いいえ

※お預かりした個人情報は新刊案内や当選本の送呈に利用させていただきます。原則として、ご本人の承諾なしに、上記目的以外に個人情報を利用または第三者に提供する事はいたしません。ただし、弊社は個人情報を取扱う業務の一部または全てを外部委託することがあります。なお、上記の記入欄には必ずしも全て答えて頂く必要はありませんが、「お名前」と「住所」は新刊案内や当選本の送呈に必要なので記入漏れがある場合、送呈することが出来ません。

個人情報管理責任者：弊社個人情報保護管理者

※個人情報の取扱に関するお問い合わせ及び情報の修正、削除等は下記までご連絡ください。

東京美術出版事業部　電話 03-5391-9031　受付時間：午前10時～午後5時まで（土日、祝日を除く）

〈聞き方〉

香炉を左の手のひらに載せ、左親指を香炉の縁に掛けてしっかり持ちます。右手は親指以外の指を揃え、香りが逃げないように香炉の上部を覆います。

香炉を顔に近づけ、右手親指と人指し指の間にできた半月状のすき間に鼻を軽く近づけ、ゆっくりと香りを吸い込みます。息を吐く時は香炉に掛からないように左脇のほうへ。

〈後始末〉

香木と銀葉を外し、炭団が燃え尽きた後、灰をかき混ぜて冷まします。しばらくは香炉が熱いので火傷に注意。炷き終えた香木は、空薫で香りを楽しむこともできます。

※火を使うので十分注意しましょう。

空薫（そらだき）

空間に香りを漂わせる

香木、練香、印香などに間接的に熱を加えて炷く方法です。香木は銀葉を使う方法よりも強く香りますので、お部屋など広い空間で香りを楽しむ時にお勧めです。聞香をした後の香木も、空薫でもう一度楽しめます。

用意するもの

◎香炉・香炉灰・香炭団・火箸・お好みの香（香木、練香、印香など）

空薫の手順

1

香炉に香炉灰を入れ、火箸でよくかき混ぜて柔らかくします。中央を少しくぼませておきます。

2

火箸で香炭団を挟み、ライターなどで火をつけます。炭全体が熾こるのを待ちます。

3

灰のくぼみの上に、全体に火の回った炭団を置き、火箸で軽く灰をかけます。

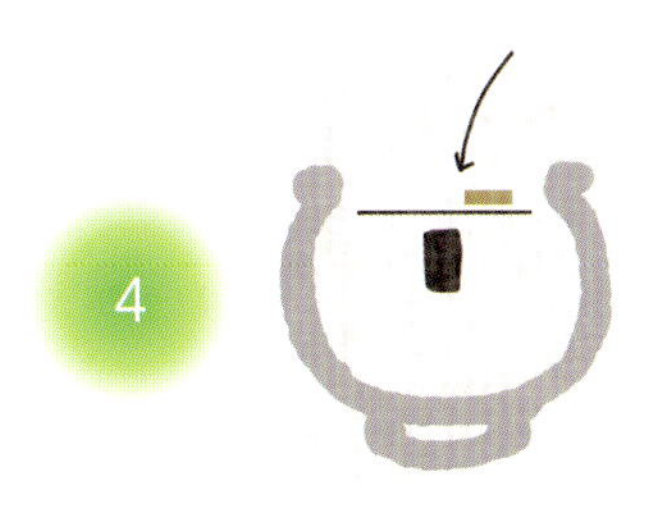

4

香を炭の上に置きます。炭団の真上だと焦げやすいので、少しずらした位置に置きましょう。

5

使用後は、炭団を灰から取り出して灰を冷まします。練香は完全に冷ましてから捨てます。

★お香がこげたり、煙が上がったりする場合は温度が高すぎるので、炭団を置いた位置から少し離してください。
★火屋（ほや）ははずしておきます。

※火を使うので十分注意しましょう。

香りの器

香炉

香を引き立てる器、香炉には大きく分けて聞香用の聞香炉と空薫用の二つの種類があります。形や色合い、デザインなど、自分の好みに合う香炉を探すのも楽しいものです。

色絵香炉　竜田川

色絵香炉　あやめ

色絵香炉　六瓢

焼〆香炉

色絵香炉　松

青磁香炉

色絵香炉　秋草

香りの器

香皿・香立て

香皿や香立ては手軽にお香を楽しむためにぴったりのアイテムです。
インテリアや好みに合わせて、
お気に入りのものを見つけましょう。

香皿

梅

あやめ

流水

もみじ

四季の香皿

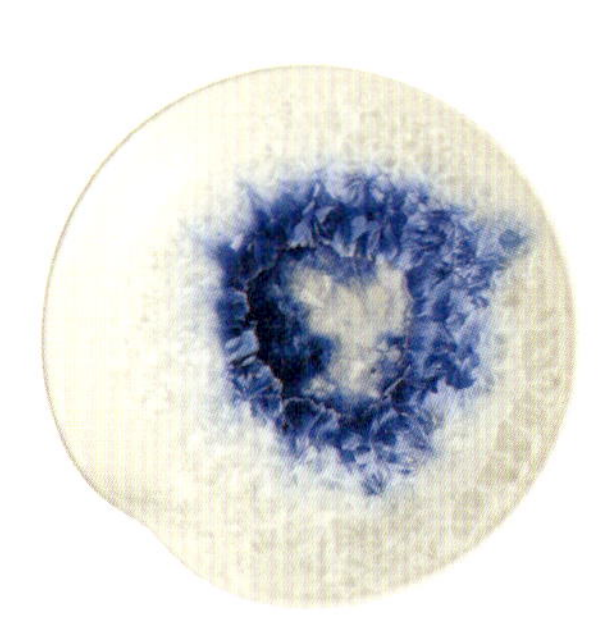

京華釉香皿

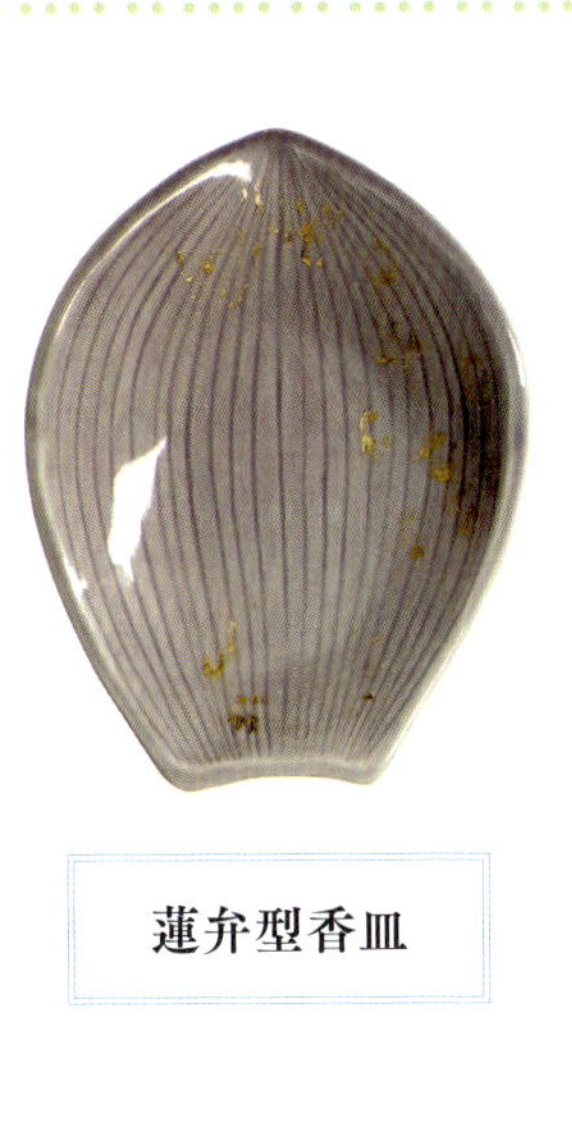

蓮弁型香皿

京華釉香皿

香立て

香の角度が
変えられる香立て

何にでも合う
ガラス製

香皿と香立てが
一体となったタイプ

香立てのいろいろ

香の道具

香りが暮らしに欠かせないものだった時代、
さまざまな道具が考案され、身の回りで用いられてきました。
美しい装飾を施した、工芸品と呼べるものも数多く残されています。

［伏籠（ふせご）］

着物に香を焚きしめるために使われます。中に香炉を置いて香を焚き、上に衣類を掛けます。平安時代は文字通り籠を伏せた形のものでしたが、17 世紀頃からは写真のような、折りたたみのできる矢来形のものが使われました。

［沈箱（じんばこ）］

当初は薫物を入れる箱であったが、後に香木を入れる箱に転用されました。外箱の中に収められた六つの内箱にはそれぞれ、「葵」「花の宴」「紅葉賀」など源氏物語の帖にちなんだ絵が描かれています。

［香枕（こうまくら）］
箱の横についた引き出しの中に、香を炷いた香炉を入れ、箱の窓から出る煙で髪に香を炷きしめます。古くは桃山時代のものが残っています。

［常香盤（じょうこうばん）（時香盤（じこうばん）・香時計（こうどけい））］
香炉の中に、香型とよばれる定規を用いてジグザグ模様に抹香を埋め、端から火をつけて、その燃えていく位置で時刻を知りました。香時計は中国で発明されたもので、機械式時計が出現する以前に日本に伝えられ、明治の改暦（1873）まで使われていたとされます。

香木の工芸品

古来より珍重されてきた香木は香料としてだけではなく、工芸品の材料としても古くから使われてきました。伽羅や沈香を加工した工芸品をご紹介します。

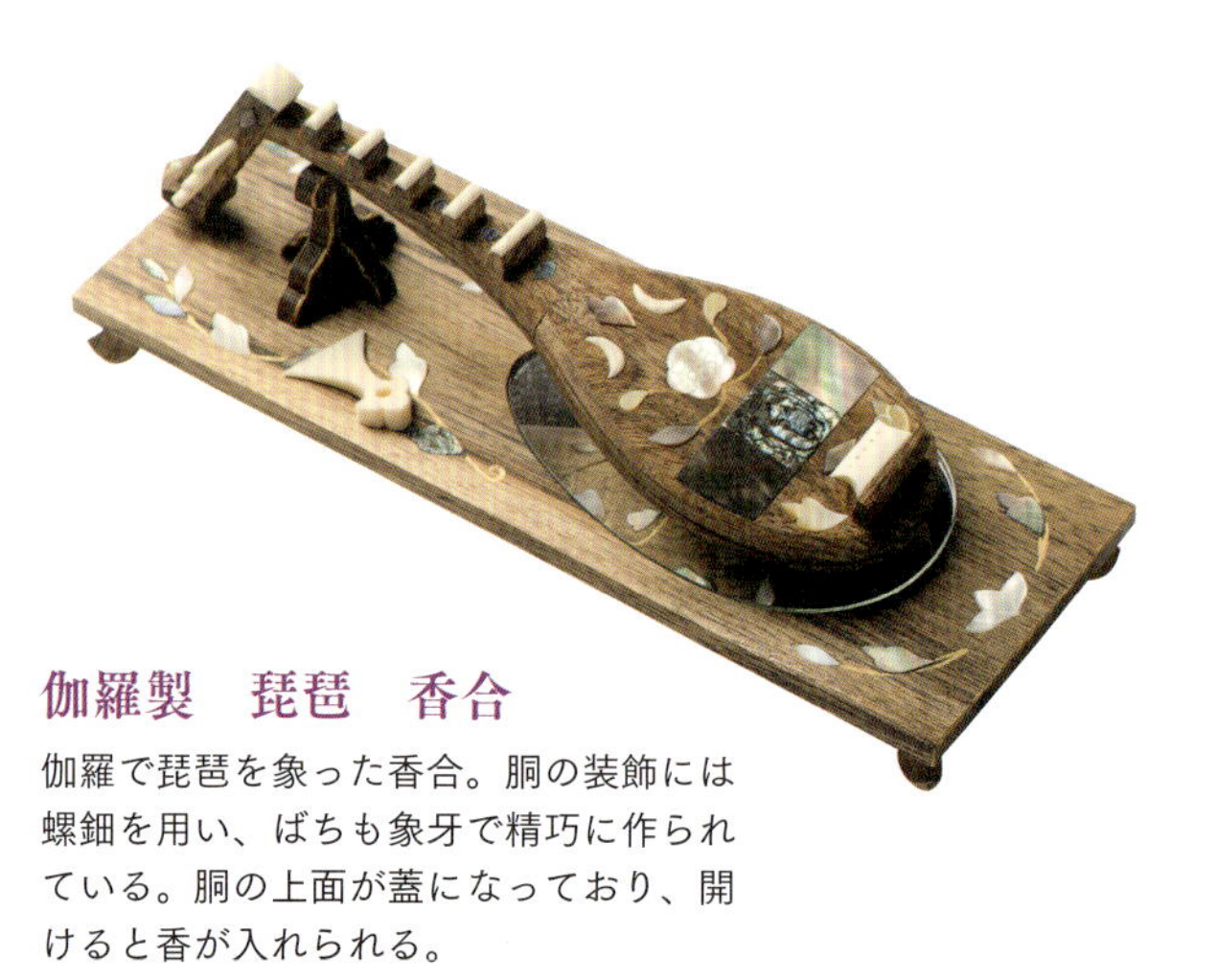

伽羅製　琵琶　香合

伽羅で琵琶を象った香合。胴の装飾には螺鈿を用い、ばちも象牙で精巧に作られている。胴の上面が蓋になっており、開けると香が入れられる。

沈香木の香炉

沈香木を形のまま使ったぜいたくな香炉。くり抜いた内部に灰を入れて用いる。

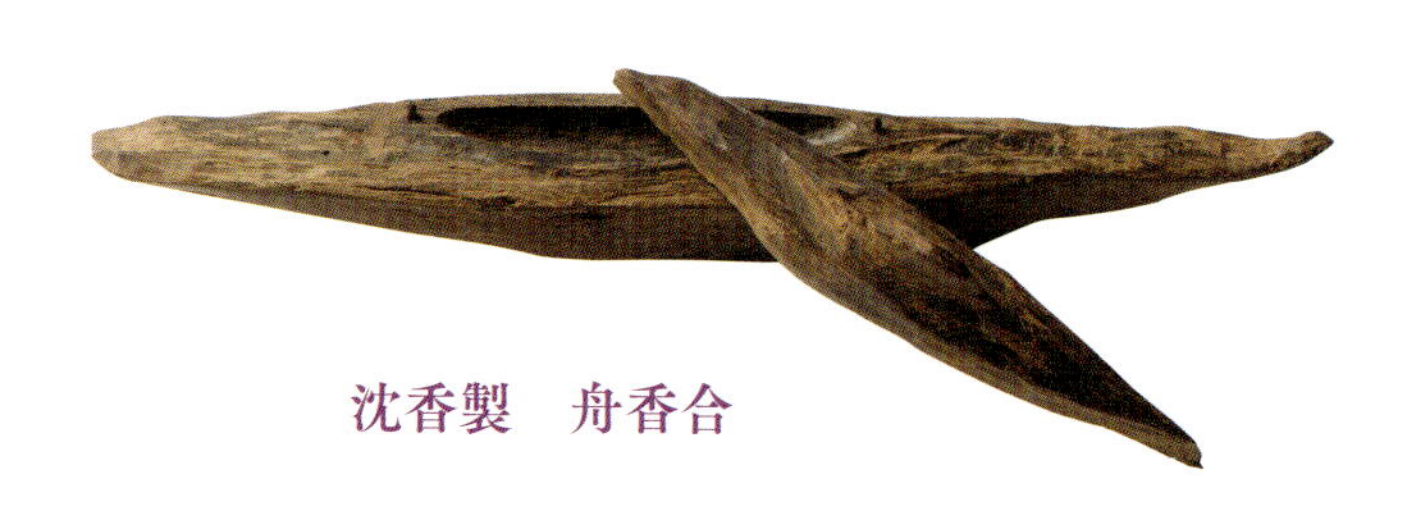

沈香製　舟香合

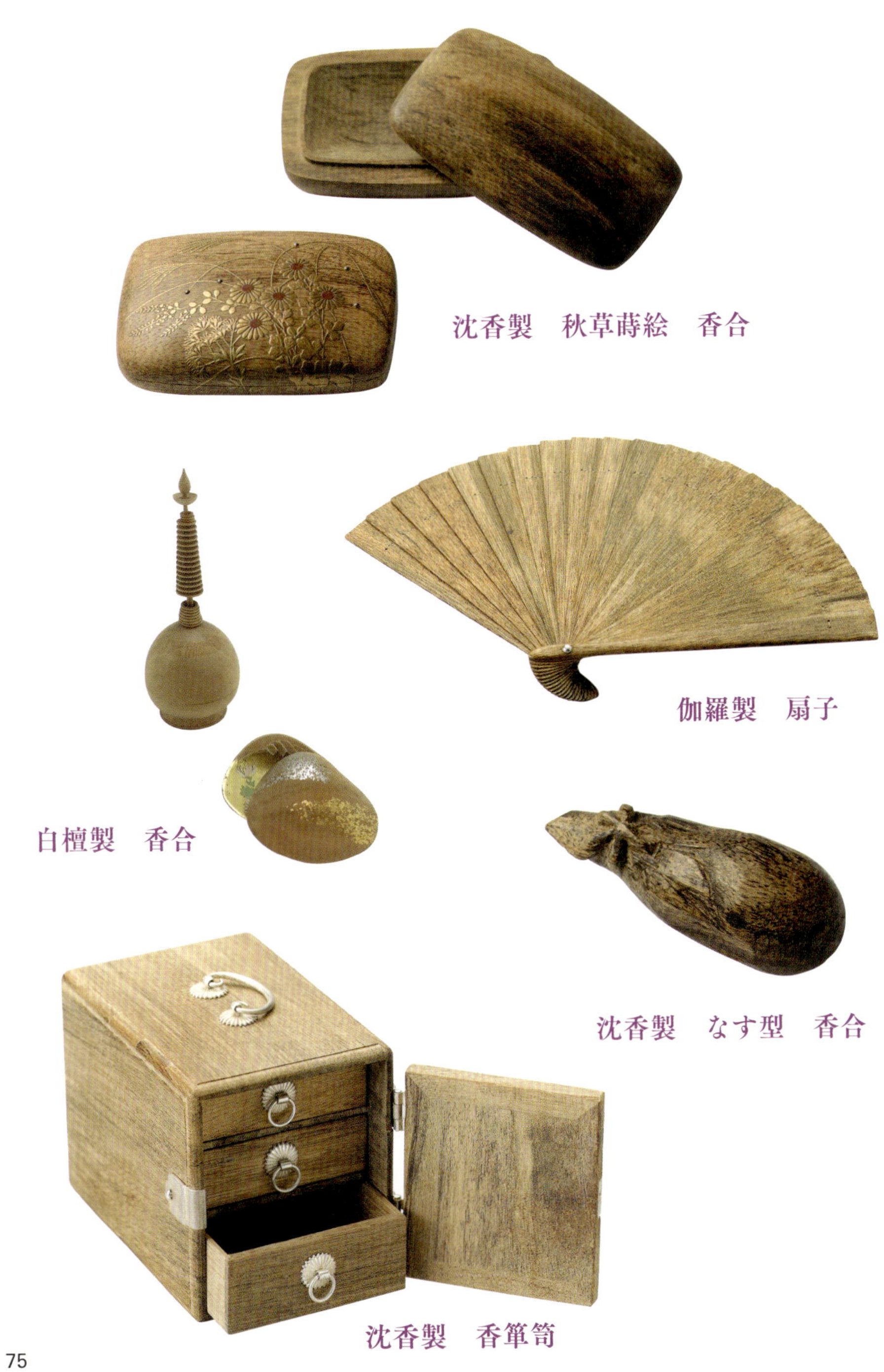

沈香製　秋草蒔絵　香合

伽羅製　扇子

白檀製　香合

沈香製　なす型　香合

沈香製　香箪笥

聞香炉
銀葉に香木をのせて温め香を聞く

レッスン 3

香りの文化

仏教の伝来とともに日本に伝えられたお香は、
仏前への供香や身だしなみの一つとして
暮らしの中に溶け込んできました。
さらに和歌や物語などの日本文化と深く結びつき、
日本人ならではの香りの文化を育んできました。
香道をはじめ、お香にまつわる文化をご紹介します。

香道とは

香りを通して和の文化に触れる

香道は、現代では茶道や華道に比べると馴染みが薄いため、特殊で難解な、敷居の高い世界だと思われているかもしれません。しかし、茶席と同様に香席の作法はあるものの、要は「香りを楽しむ」ということなのです。

香席での香りの元は沈水香です。沈水香は木によってそれぞれ微妙に異なる香りをもつ、繊細なものです。違う香りの香木を何種類か用意し、それらを参加者が順番に聞いて、繊細な香りの違いを聞き分ける「組香」が、香席ではもっとも一般的に行われています。難易度にも幅があり、初心者でも楽しめる種類の組香もあります。

組香は香りを当てること自体も面白いのですが、言葉遊びや和歌、文学と結びついたものなので、香りを通じてそれらに親しめることが、香道の魅力と言えるでしょう。

現代では、正式な畳の香席だけでなく、立礼卓(りゅうれいじょく)による、カジュアルな略手前も行われています。初心者向けの講座も開かれていますので、機会があればぜひ体験してみてはいかがでしょうか。

香席のマナー

香りを邪魔するものは御法度

和装である必要はありませんが、華美すぎる服装や肌が見え過ぎるような服装は避けます。洋服の場合、裸足やストッキングはマナーに反しますので、白の靴下を履きます。時計、指輪、長いネックレスなどのアクセサリーも外しておきます。

繊細な香りを楽しむ席なので、香水はもちろん、香りの強い化粧品や整髪料などは禁止。革類、防虫香の匂いのする着物も避けます。ニンニクなどの食べ物も前日から控えておくのがいいでしょう。

香道の成立

銘をつけられた香木

中世になり、薫物（たきもの）に代わって香り文化の中心を担うようになった香木ですが、やがて単なる愛好から、薫物同様に優劣を競う風潮へと移り変わっていきます。そのためにはさまざまな香木を区別する必要が生じ、一木ごとに「銘」をつけるようになりました。

香銘には和歌から引用したものが多く、これにより香りのイメージが広がります。古くから伝わる銘には、それにまつわるエピソードも加わり、さらに重層的なイメージが付加されていきました。

一説に、香木に銘をつけた最初の人物は、その型破りな行動から「婆娑羅（ばさら）大名」とよばれた、鎌倉時代末期の大名佐々木道誉（ささきどうよ）といわれます。道誉は香木の収集に熱心で、手段を選ばず収集しました。花見の宴席で一斤もの香木を一度に炷き上げ、その芳香は辺り一面に立ち込め、あたかも極楽浄土にいるようであった、と「太平記」に記されています。道誉の香木コレクション約一八〇種は、その後、室町幕府八代将軍足利義政に引き継がれ、これらはのちの香道成立の礎となったのです。

総合的に風流を楽しむ名香合

香木の優劣を競うことを当初「闘香」と称していましたが、しだいに「名香合」の様式に集約されていきます。名香合は、各自が好みの香木を持ち寄って炷き、その香気の優劣を議論して判定し、競い合うものです。その来歴や香銘のつけ方なども考え合わせて、総合的に甲乙を決していたようです。「香りのよろしきより、名のよろしきを誉れとす」といった記述もみられ、香りそのものよりむしろ香銘に重点が置かれていたことがうかがえます。

名香合には「雪月花名香合」というものもありました。これは縁側の障子を開けて季節ごとに雪や月、花を観賞しながら行われ、勝敗が決した後、勝ったほうの香銘にちなんだ題で各人が歌を詠むことになっていました。

このように名香合は、香りをめぐる風流韻事を総合的に楽しむという趣のものでした。この精神は、和歌や物語、季節の風物、故事、漢詩などを主題とするさまざまな組香に引き継がれていくのです。

香りの分類

産地・性質で香木を分類する

足利義政は、佐々木道誉から引き継いだ膨大な香木コレクションを、のちに香道流派の祖となる三条西実隆（さんじょうにしさねたか）と志野宗信（しのそうしん）らと共に体系化しました。そうして完成した分類法が「六国五味（りっこくごみ）」です。

これはまず産出地と出荷港などを基準に香木（沈水香）を六つに分類するものです。

「六国」とは伽羅（きゃら）・羅国（らこく）・真南蛮（まなばん）・真那賀（まなか）・寸門陀羅（すもんだら）・佐曽羅（さそら）です。ただし同じ産地のものでも香りの差異は大きいため、六国は産地よりも香りの性質を表すと考えられています。これら六つの性質を「木所」とよんでいます。

「位」「味」の尺度で細分化

さらに、各木所の中での細分化には「位」「味」を用います。同じ木所内での質を上・中・下に分け、中の下、下の上などと表現するのが「位」です。

「五味」とは、香りを味に置き換えて表現したもので、甘（かん）・酸（さん）・辛（しん）・鹹（かん）・苦（く）の五種類を指します。聞香ではこの五味が何種含まれるか、組み合わせはどうかを判断します。

極め付きの香木とは

このように香木は、木所（六国）・位・味（五味）によって分類されますが、さらに、個々の香木に「銘」をつけることも行われています。流派によっては銘と木所のみで分類していますが、この場合は銘自体が、香りのイメージを伝える大きな役割を果たすことになります。

銘・木所などを記した鑑定書にあたるものを「極」といい、これがついているのは由緒ある香木、つまり「極め付き」の香木である証なのです。

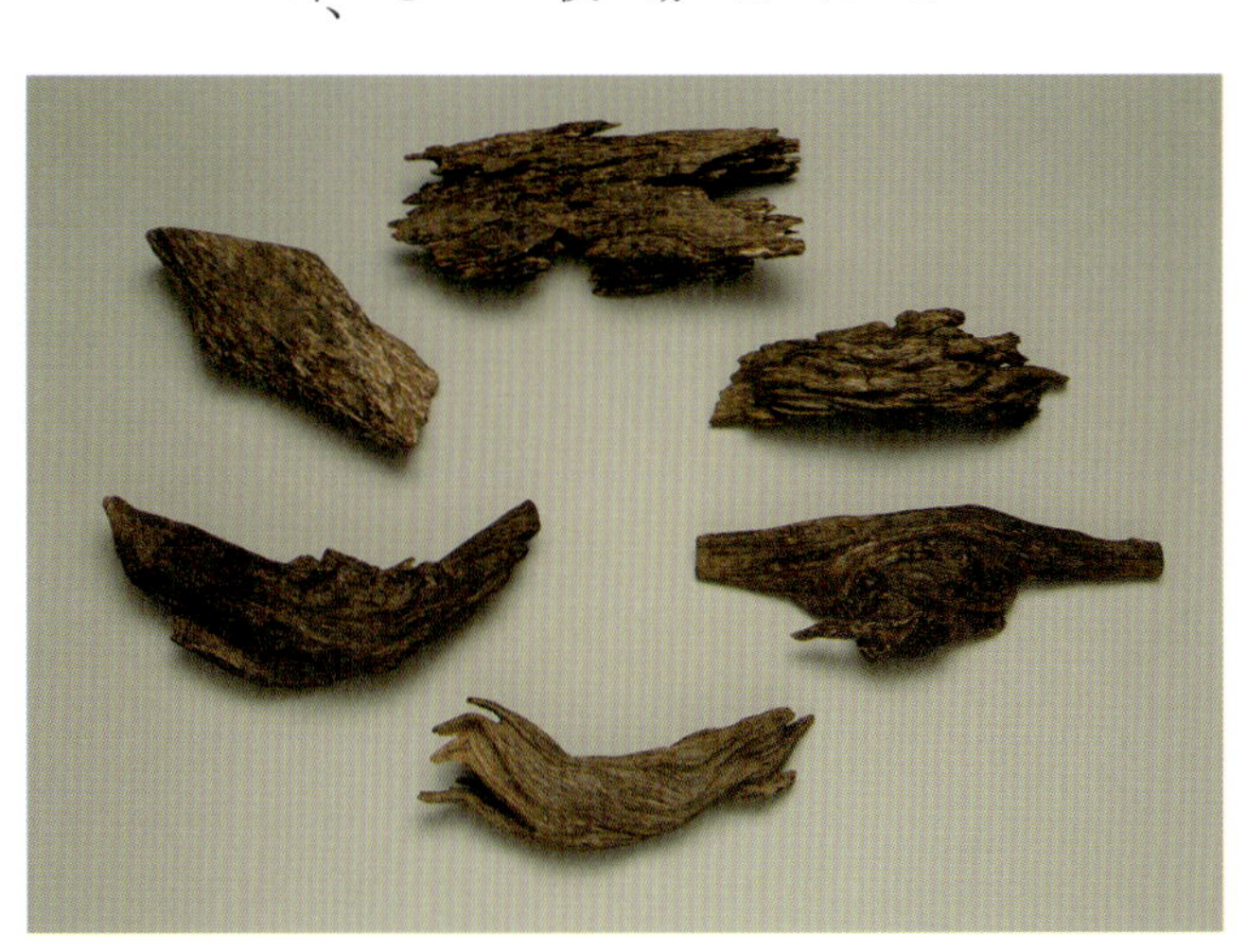

六国（六種の香木）

六国五味

六国

伽羅（きゃら）　ベトナム南部
語源は諸説

羅国（らこく）　インドシナ半島
語源は諸説

真南蛮（まなばん）　インドシナ半島以西
マナバール（アラブ向出荷地）が語源

真那賀（まなか）　東西マレーシア周辺
マレー半島マラッカが語源

寸門陀羅（すもんだら）　インドネシア全域
スマトラ島が語源

佐曽羅（さそら）　ミャンマー以西
語源は諸説

五味

甘（かん）　甘い

苦（く）　にがい

酸（さん）　すっぱい

鹹（かん）　塩辛い

辛（しん）　からい

香を聞くスタイル

香道の香席では必ず組香を行うものと思われがちですが、実は他にも香を聞くスタイルがあります。

●一炷聞（いっちゅうぎき）……
一人または数人での香席。香木の香りを心静かに鑑賞し、一炷ごとにその香銘との調和や証歌の背景などに思いを巡らせます。

●炷合香（たきあわせこう）……
名香合の派生形式。まず亭主が炷いたものを皆で聞き、次に客がそれにかなう香木を、持参のものから選んで炷きます。これを、連歌の要領で続けます。

●組香……
二種以上の香りの組み合わせで何らかの主題を表現します。多くは和歌や物語、季節の風物、故事来歴などを主題とし、構成も工夫されています。源氏香もこの一つです。香り自体を楽しむだけでなく、成績を競うゲーム性が加わります。

香道具

乱箱一式

乱箱は真手前の香道具一式を納めたものです。

1 乱箱

香元がお手前をする香道具一式を入れる掛子型の浅い箱。セットする香道具の位置にも流派により一定の方式がある。

2 志野折

香包を入れる包紙。総包ともいう。鳥の子紙七枚重ね折り。金地の表は極彩色で、春秋の花と尾長鳥が描かれている。

3 銀葉盤

銀葉をのせる台。十に区画され、銀葉を置く場所には花などの形の貝か象牙が、象嵌または貼付されている。

4 銀葉箱

銀葉を入れる箱。

5 火道具と建

火道具は、灰や銀葉、香木等を扱う七種の道具をいう。火箸、灰押、羽箒、銀葉挟、香匙、木香箸（香木をはさむのに用いる）、鶯。建は火道具を建てて入れておくもの。

6 灶空入

使用済み香木の灶空を入れる。

7 聞香炉

香を聞くための香炉。青磁、染付が多い。

（※志野流の場合）

香室のしつらえ

茶道における茶室のように、香道にも香室があり、そのしつらえには決まりごとがあります。

●香室……

正式には床のある十畳の座敷とされます。銀閣寺にある弄清亭（ろうせいてい）を規範としています。

●床飾……

床の掛物は香にかかわるものを選び、床前には香炉や香関連の希少品などを置きます。原則として生花は使用せず、その代わりに「挿枩（さしえだ）」を用います。挿枩は月別に決められた十二種類の造花で、挿枩袋という布袋に挿します。袋は二色あり、春夏が朱色、秋冬が紫と半年ごとに使い分けます。元々香木を入れる袋ですが、床飾りにも使用されます。

＊挿枩の花

一月：梅　二月：桜　三月：藤　四月：牡丹

五月：菖蒲　六月：朝顔　七月：百合　八月：桔梗

霊絲錦

訶梨勒

九月：菊　十月：紅葉　十一月：水仙　十二月：椿

●その他……

場合によって訶梨勒（かりろく）や霊絲錦（れいしきん）などを飾ります。どちらも邪気祓いの意味があり、訶梨勒は魔除けとされた訶梨勒の果実を象ったもの。霊絲錦は表に春夏、裏に秋冬の花鳥を描いた飾り物で、季節によって表裏を使い分けます。床脇には使用する香道具を飾ります。

（※志野流の場合）

挿枀

組香

いろいろな組香

複数の香木を和歌や物語の主題によって組み、香を聞き当てる遊戯である組香。
中でも最も親しまれているのが「源氏香」ですが、その他、古典文学や故事来歴、季節の事柄などを題材にして、数百種類の組香が伝わっています。

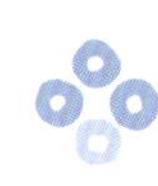

源氏香

王朝文学の薫りゆかしい組香

組香の中では最も有名で、多くの人に親しまれているのが、江戸時代に誕生した「源氏香（げんじこう）」でしょう。

五種類の香木を用意し、各々から五片ずつを切り出して紙に包み計二十五包作り、その中から無作為に五包を選んで炷きます。香を聞いた順に右から縦線を引いていき、同じ香りだと思ったもの同士を横線でつなぎます。こうしてできる図のパターンは五十二通り。これらは源氏物語五十四帖のうち最初の「桐壺」と最後の「夢浮橋」を除いた五十二帖にそれぞれ対応する名前がつけられていて、参加者はその巻名で答えを記します。たとえば、一番目と三番目、二番目と五番目がそれぞれ同じで、四番目は違う香り……と判断したら、答えは「夕霧」となるわけです。

パターンを記した図は「源氏香図」といい、その洗練された幾何学的なデザインは、着物の柄や建築の意匠などにもしばしば使われています。

源氏香図

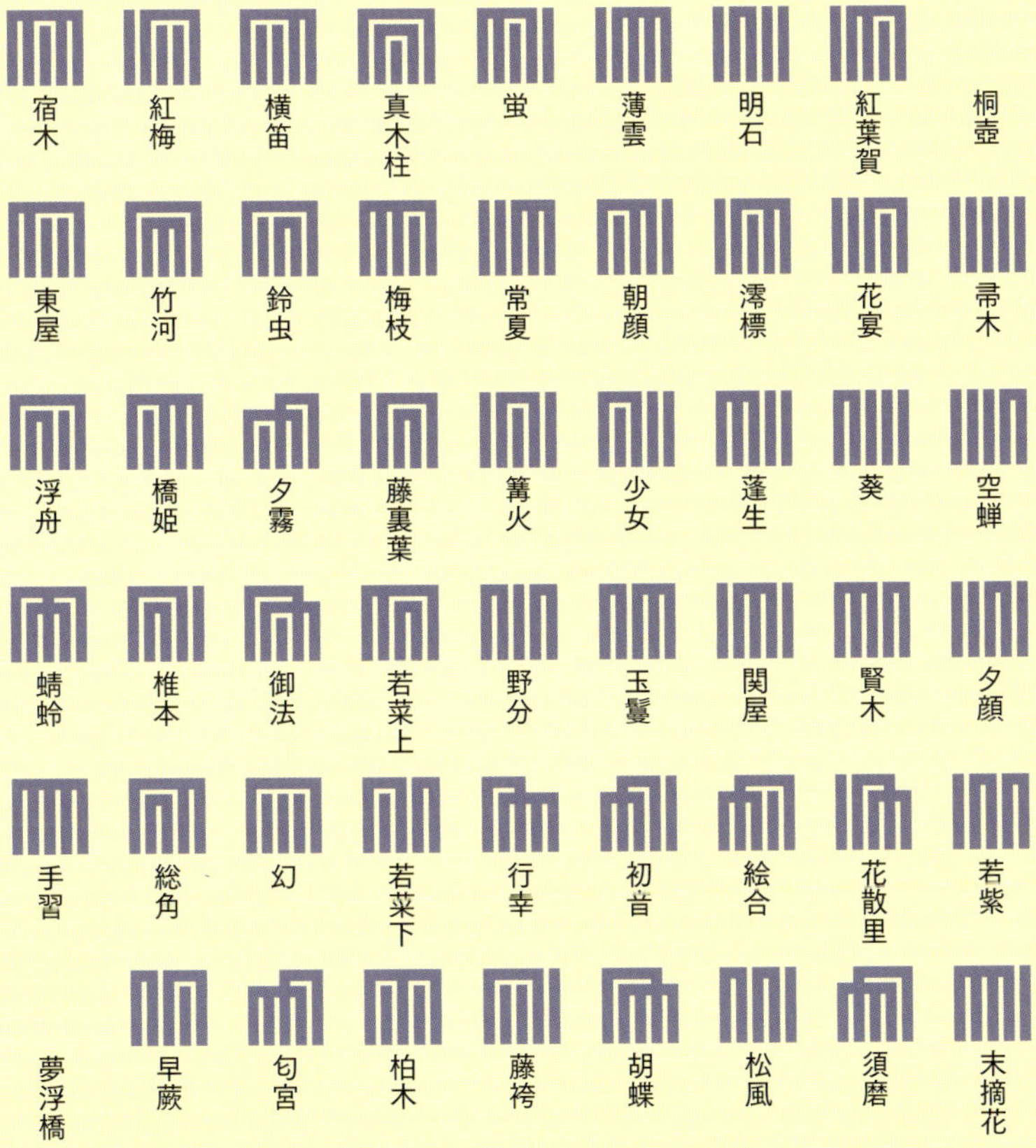

宿木	紅梅	横笛	真木柱	蛍	薄雲	明石	紅葉賀	桐壺
東屋	竹河	鈴虫	梅枝	常夏	朝顔	澪標	花宴	帚木
浮舟	橋姫	夕霧	藤裏葉	篝火	少女	蓬生	葵	空蝉
蜻蛉	椎本	御法	若菜上	野分	玉鬘	関屋	賢木	夕顔
手習	総角	幻	若菜下	行幸	初音	絵合	花散里	若紫
夢浮橋	早蕨	匂宮	柏木	藤袴	胡蝶	松風	須磨	末摘花

源氏香と「源氏物語」の歌

「源氏香図帖」（江戸時代）

源氏香は、単に香りの聞き分けにとどまらず、香りから「源氏物語」の登場人物や物語のイメージを広げてゆくところに本来の面白さがあります。その奥深さが、組香として長い間愛されてきたゆえんともいえます。

源氏香の図帖には、「源氏物語」各帖の名前の由来になった歌や、代表的なシーンで詠まれた歌が添えられていることがあります。それを読むとよりいっそうイメージがふくらみ、源氏香を味わう助けとなることでしょう。

その中からいくつかの歌をご紹介します。

「源氏五十四帖・梅枝」の一場面
（尾形月耕・画）早稲田大学図書館蔵

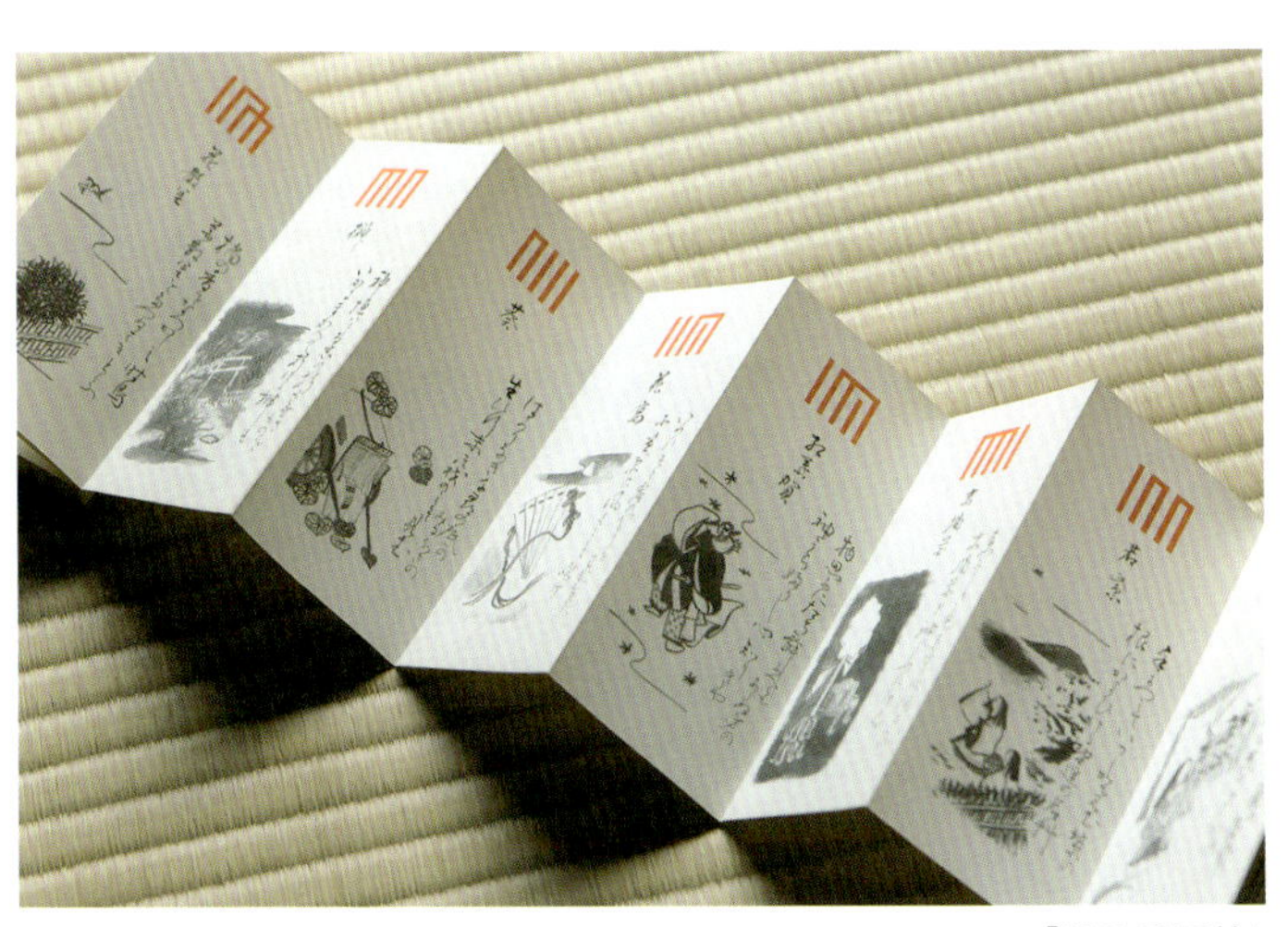
「源氏香図帖」

若紫

手につみて いつしかも見む紫の
根にかよひける 野辺の若草

手に摘んでいつか早く見たいものよ、
紫草の根につながっているあの野辺の若草を。

紅葉賀

物思ふに たち舞ふべくも あらぬ身の
袖うち振りし 心知りきや

物思いでいっぱいの私の心は立って舞うこともできないほどの
状態でしたが、あなた様に向けて袖を振っていた
私の心をご存じでしたでしょうか？

葵

はかりなき 千尋の底の みるぶさの
生ひゆく末は 我のみぞ見む

計り知れないほど深い海の底の海松房（みるぶさ）が
ほとんどの人の目に触れないように、
あなたの豊かに成長した黒髪は私だけが見ることでしょう。

花散里

橘の 香をなつかしみ時鳥
花散る里を たづねてぞとふ

橘の香りを懐かしんで、ほととぎすが鳴いています。
きっとこの花散る里を訪ねてやってきたのでしょう。

小鳥香（ことりこう）

五種類の香を各二包ずつ用意し、一包ずつ左右二組に分けておきます。左右それぞれをシャッフルし、左右から任意に一包ずつ取り出して入れ替え、さらにシャッフルします。こうすると、たまたま同じもの同士を入れ替えた場合を除き、五包の中に同じ香りが二つあることになります。五包を順に聞いていき、何番目と何番目が同じ香りかを当てます。

答えは五文字の鳥の名前で記します。同じ仮名の位置が、同じ香りということです。たとえば一番目と二番目が同じなら「ももちとり（百千鳥）」、二番目と三番目が同じなら「ほととぎす（時鳥）」、となるわけです。その他は以下の通り。

1番目と2番目が同じ「ももちとり」（百千鳥）
1番目と3番目が同じ「きせきれい」（黄鶺鴒）
1番目と4番目が同じ「くろつくみ」（黒鶫）
1番目と5番目が同じ「かしらたか」（頭高）
2番目と3番目が同じ「ほととぎす」（時鳥）
2番目と4番目が同じ「ひとめとり」（人目鳥）
2番目と5番目が同じ「かわらひわ」（河原鶸）
3番目と4番目が同じ「いしたたき」（石敲）
3番目と5番目が同じ「あさりとり」（漁り鳥）
4番目と5番目が同じ「あおしとと」（青鵐）
五包すべて異なる場合は「よふことり」（呼子鳥）となります。

小草香（おぐさこう）

「すみれ」「すいせむ（水仙）」「あふひ（葵）」「しらきく」など、植物の名前からその季節の一つテーマを決め、たとえば「すみれ」なら三種、「すいせむ」なら四種の香木を用意します。試香をしてそれぞれの香りを記憶したのち、名前を伏せた香を聞き当てます。答えは仮名ではなく数字で「一二三」「二三一」などと記します。

「たむほほ（蒲公英）」など、同じ文字が入っている場合は、三種のうち一つを二包とし、計四包を聞きます。

宇治山香

百人一首にある喜撰法師の歌「我か庵は　都のたつみ　しかそ住む　よをうし山と　人はいふなり」を題材にした組香。五種の香木を用意し、それぞれにこの歌の初句から五句をあてはめ、試香でそれぞれの香りを記憶します。そののち、どれか一つが炷かれ、それを聞き分けて該当すると思われる句を記します。

菖蒲香

菖蒲の季節である夏に行われる組香です。太平記に登場する「五月雨に池の真菰の水まして　いづれあやめとひきぞわずらふ」という源頼政の歌が元になっています。鳥羽院の女房・菖蒲前に一目惚れした源頼政に院は、菖蒲前と年恰好や容貌がよく似ている女たちに同じ装束を着せ、どれが菖蒲前かを当てよと言います。迷っている源頼政が詠んだのがこの歌で、感心した院は本物の菖蒲前を教え、二人は結ばれた、という話です。

五包の香をそれぞれこの歌の初句から五句とし、試香したのちに四句めの「あやめ」を当てる、というものです。

競馬香

盤物といわれる、小道具を使ったゲーム色の濃い組香。端午の節句に京都の上賀茂神社で行われる「競べ馬」に由来しています。

赤・黒の二方に分かれ、試香の後、四種の香木を規定により打交ぜ順に聞いていきます。一包聞くごとに全員が答え、正解が発表されます。正解者の数だけ、赤方・黒方それぞれの馬上の人形を進ませます。人形が早くゴールに辿り着いた方が勝ち。相手方との差が大きくなると落馬するというルールもあります。

六十一種名香

室町時代に選定された、歴史上・評価上著名な名香中の名香とされるのが六十一種の香木です。

銘は以下の通り。

法隆寺　東大寺（蘭奢待）　逍遥　三芳野　紅塵　枯木　中川
法華経　花橘　八橋　園城寺
似　富士の煙　菖蒲　般若　鷓鴣斑　青梅　楊貴妃　飛梅　種ヶ島
澪標　月　竜田　紅葉賀　斜月　白梅　千鳥　臘梅　八重垣
花宴　花雪　名月　賀　法華　蘭子　卓　橘　花散里　丹霞
花筐　上薫　須磨　明石　十五夜　隣家　手枕　夕時雨
有明　雲井　紅　初瀬　寒梅　二葉　早梅　霜夜　七夕　寝覚
陵晨　薄紅　薄雲　上馬

名香六十一種名寄文字鎖

「六十一種名香」は、香人として覚えておく名香として、「名香六十一種名寄文字鎖」という七五調の歌が作られるほど、その香銘は代表的なもので、香道の規範となりました。

それ名香の数々に、にほひ上なき蘭奢待、いかにおとらん法隆寺、逍遥・三吉野・紅塵や、やどの古木の春の花、ながれたえせぬ中川と、とくに妙なる法華経は、花たちばなの香ぞふかみ、みかはにかくる八橋の、法のはやしの園城寺、しかはた似うらみそふ、ふじの煙の絶えやらじ、しげる菖蒲にふく軒ば、般若・鷓胡斑・青梅よ、よにすぐれたる楊貴妃の、のどけき風に飛梅は、花のあとなる種が嶋、またも浮き世に身をつくし、白妙なれや月の夜に、にしき竜田の紅葉の賀、かたぶく斜月・白梅よ　夜さむの千鳥浦つたふ、ふかき教えの法花こそ、そこぞと匂う臘梅や、八重垣こめし花の宴、むもるる花の雪をみめ、名月・賀・蘭子・蜀（卓）・橘、名さへ花散里とへば、春の丹霞のたちそひて、手に持ちなれし花かたみ、身の上薫の香を残す、須磨の浦はに夜を明石、しらむもしらぬ十五夜の、軒は隣家に立ちならぶ、ふる夕時雨・手枕の、のこる有明ほどもなく、雲井うつろふ紅は、はなの初瀬の曙か、寒梅・二葉・早梅を、をく霜夜とぞまがえけん、むすぶ契りは七夕よ、夜は老の身の寝覚せし、東雲はやくうす紅、日陰もさすや薄雲の、上り馬とや名づけけん、六十の香これをいふなり

大枝流芳著「校正十炷香之記」より

名香合

『五月雨日記』

香道の伝書として、数百年もの間、香人たちによって書写され、伝えられてきた『五月雨日記』は、足利義政の東山殿で行われた二つの香会の記録をまとめたものです。一つは、文明十（一四七八）年十一月に行われたとされる薫物合であり、もう一つは文明十一年五月に東山殿で行われたとされる六番の香合です。

文明十一（一四七九）年五月の名香合の結果と、香銘の由来となった歌は以下のようなものです。

優劣の判定は衆議で行い、その判定を述べた言葉、判詞は後日書かれたとされています。

香銘と歌

一番左：とこの月（勝）
秋風の　ねやすさまじく　ふくなへに　ふけて身にしむ　とこの月影
伏見院『新拾遺和歌集』

一番右：山した水
にほひ来る　山した水を　とめゆけば　まそでにきくの　露ぞうつろふ
藤原俊成『長秋詠草』

二番左：雪のそで（持）※引き分け
むめちらす　風もこえてや　吹きつらむ　かほれる雪の　そでに乱るゝ
康資王母『新古今和歌集』

二番右：かはらや
我ばかり　おもひこがれぬ　瓦やの　煙もなをぞ　したむせぶなる
藤原基良『続後撰和歌集』

三番左：しほやきごろも（持）※引き分け
須磨のあまの　あまりにもゆる　思ひかな　しほやき衣　人はなびかで
藤原定家『拾遺愚草』

三番右：こりずま
人しれず　またこりずまのに　やくしほの　煙は下に　なをむせびつゝ
祝部行藤『新後拾遺和歌集』

四番左：春光（持）※引き分け
嘯野烟之春光、各吟一句
橘在列『新撰朗詠集』

四番右：うらふぢ
ふせの海の　ありそに寄する　白浪の　かざしに匂ふ　春のうらふぢ
法印定為『続後拾遺和歌集』

五番左：たまみづ（勝）
春雨の　ふるとは空に　みえぬ共　きけばさすがに　軒の玉水
後鳥羽院宮内卿『玉葉和歌集』

五番右：萩の戸
契しよひのたそがれ　しるべ深き空だき　とめいるかたの萩の戸を　開くや袖の移り香
『心づくしの曲』の譜

六番左：ねぬよの夢
のき近き　花橘の　かほりきて　ねぬよの夢は　昔なりけり
寂蓮法師『続古今和歌集』

六番右：やまぶき（勝）
春雨の　にほへる色も　あかなくに　かさへなつかし　山吹の花
詠み人しらず『古今和歌集』

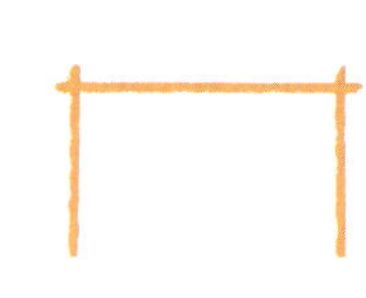

一木四銘

香木における「銘」とは、原産地から渡来した香木を初めて所持した人がその香木に名を残すために付けた名前のことです。なかでも名香として知られるのが「一木四銘」です。

「一木四銘」は、寛永年間（一六二四〜一六四四）に日本に伝来したとされる伽羅の香木で、同じ木から切り取られたものを宮中・前田家・細川家・伊達家が所有し、それぞれ異なる銘をつけたと言われます。一本の香木に四つの銘があるというのは大変珍しいことです。各家へ伝わった経緯にはさまざまな説があり、その優れた香りとともに、名高い名香として今に伝わります。

宮中に献上されたものは「藤袴」、前田家では「初音」、細川家では「白菊」、伊達家では「柴舟」と名づけられています。

銘

初音（はつね）

証歌　※その根拠として引用された歌

きくたびに　めづらしければ　ほととぎす
いつも初音の　心地こそすれ

銘

白菊（しらぎく）

証歌

たぐひありと　誰かはいはん　末匂ふ
秋よりのちの　白菊の花

銘

柴舟（しばふね）

証歌

世のわざの　うきを身につむ　柴舟は
たかぬさきより　こがれゆくらん

銘

藤袴（ふじばかま）

証歌

ふじ袴　ならふ匂ひも　なかりけり
花は千種の　色まされども

Column

危険を知らせた？千鳥の香炉

香炉のほとんどは足が三本ですが、これは元をたどれば古代中国の三本足の器「鼎」に端を発するといわれています。三本足の一本を正面に向けるのが、香炉の正しい置き方とされています。

中には、安定性のためか三本足は形ばかりで中央の高台で支える形のものがあり、三本足は少し浮いている状態になるため、片足を上げて休む千鳥になぞらえて「千鳥形」とよばれています。

千鳥形の香炉でもっとも有名なものは、豊臣秀吉の所有していた「千鳥の香炉」でしょう。これは十三世紀南宋時代の青磁で、茶人の武野紹鴎（たけのじょうおう）から駿河今川家を経て織田信長へ、さらに秀吉へと伝わります。香炉の蓋には千鳥を象ったつまみがついていますが、大盗賊石川五右衛門が伏見城の秀吉の寝所に忍び込んだ際、この千鳥が鳴いて知らせたために捕えられてしまった、という話が伝説になっています。千鳥の香炉はその後徳川家康の所有となり、徳川家代々に伝わって現在は徳川美術館に収蔵されています。

蘭奢待（らんじゃたい）

東大寺の正倉院に伝わる名香「蘭奢待」。分類名は黄熟香といい、長さ一五六センチ、重さ十一・六キロの沈香木です。この香木には、足利義政、織田信長、明治天皇など、そうそうたる人物の切り取った跡が残っています。天下一の名香と称えられた蘭奢待を手に入れることは、権力の誇示でもあったのです。なお、「蘭奢待」の三文字にはそれぞれ「東」「大」「寺」の字が入っています。

薫物処方例

薫物の香りに魅せられた平安時代の貴族たちは、次第に日常の生活の中にもその香りを取り入れるようになりました。王朝の薫物を知るうえで貴重な資料として、『源氏物語』の梅枝の巻、そして『薫集類抄』があります。とくに『薫集類抄』は、鳥羽院の蔵人藤原範兼が、勅命によって、この時期に行われた薫物の調合法をできるだけ集めて分類したものといわれています。

主として「梅花」「荷葉」「菊花」「落葉」「侍従」「黒方」の六種に分けられ、これを「六種の薫物」と呼びました（14ページ参照）。

『薫集類抄』に記されたいくつかの処方例と処方した貴族を紹介します。

黒方

沈香　四両　丁子　二両
甲香　一両二分　薫陸　一分
白檀　一分　麝香　二分

四条大納言藤原公任

平安中期の歌人。諸芸に長じ、詩・歌・管弦の才を兼備し、また故実に詳しかったとされます。書は古筆として珍重されています。

梅花

沈香　八両二分　丁子　二両二分
甲香　三両二分　薫陸　一分
白檀　二分二朱　麝香　二分
占唐　一分三朱　甘松　一分

閑院左大臣藤原冬嗣

平安時代初期の公卿で、嵯峨天皇からの信任が厚く、閑院左大臣と呼ばれていました。文徳天皇は孫に当たり、外戚化に成功し藤原北家興隆の礎を築いたとされます。文化面では詩文に優れ、『凌雲集』『後撰和歌集』などに詩歌を遺しています。

侍従

沈香 四両二分　丁子 二両二分
甲香 一両二分　鬱金 一両
甘松 一両　占唐 一分
麝香 一朱

滋宰相滋野貞主（しげのさいしょうしげのさだぬし）
平安中期の学者で詩文・歴史を学び、東宮学士（東宮付きの教育官）となります。『秘府略』『経国集』の撰を担当しており、滋宰相とも呼ばれました。

荷葉

沈香 三両二朱　甘松 三朱
甲香 一両二分　白檀 一朱
鬱金 一分　藿香 二朱
丁子 一両一分

右大弁源公忠（うだいべんみなもとのきんただ）
平安時代前期の貴族で、醍醐・朱雀天皇の信頼が厚く、右大弁の職を務めるなど官吏として大変有能でした。また、三十六歌仙の一人に選ばれるほど歌人として活躍し、勅撰集『後撰和歌集』にも採り上げられています。

黒方

沈香 四両　甲香 一両
白檀 一分　丁子 二両
麝香 二分　薫陸 一分

藤原保昌（ふじわらのやすまさ）
平安時代中期の大変富裕な受領で武勇に優れ、藤原道長に推挙されて昇進するほど大変厚い信任を受けていました。和泉式部を妻とし、現在では祇園祭の「保昌山（ほうしょうやま）」で彼女への情熱を示す姿が見られます。

黒方　承和秘方（光源氏の薫物）

沈香 四両　白檀 一分
甲香 一両二分　丁子 二両
麝香 二分　薫陸 一分

※両、分、朱は度量衡の単位で、大小あるが、一両は四分、一分は六朱。大一両は37・5グラム。

歌に詠まれた薫物

薫物は平安貴族の生活に深く結びついていました。
薫物によせて情景や心情を詠んだ歌もしばしばみられます。

うつり香の　うすくなりゆく　たき物の　くゆる思ひに　きえぬべきかな

（現代語訳）
あなたの移り香が薄くなってゆく、その微かな薫物の匂いのように、
あなたを恋い焦がれる思いに今にも消え入ってしまいそうです。

清原元輔（きよはらのもとすけ）　後拾遺和歌集

薫物の　くゆるばかりの　ことやなぞ　けぶりにあかぬ　心なりけり

（現代語訳）
薫物がくゆっている程度ならまだしも、
私の心は煙では足りず燃え上がっています。

赤染衛門（あかぞめえもん）　赤染衛門集

残りなく　なりぞしにける　薫物の　我ひとりにし　まかせてしかな

（現代語訳）
薫物がもう残りわずかになってしまいました。
私一人が香炉に思いのままたいてしまったので。

藤原公任（ふじわらのきんとう）　公任集

ほしとのみ　まがへる菊の　かをる香は　空薫物の　ここちこそすれ

（現代語訳）
夜空の星と見間違えるような菊の花の香りは、
まるで空薫物をたいているような心地がします。

崇徳院（すとくいん）　久安百首

あまのがは　よこぎる雲や　七夕の　空薫物の　けぶりなるらむ

（現代語訳）
天の川を横切る雲は、
七夕の彦星を待つ織姫のたいた空薫物の煙でしょうか。

藤原顕輔（ふじわらのあきすけ）　詞花和歌集

たれとなき　空薫物の　にほひこそ　うきたる恋の　しるへなりけれ

（現代語訳）

誰の香りともわからない空薫物の匂いは、あてのない恋の道しるべなのです。

藤原俊成（ふじわらのとしなり）　俊成五社百首

薫物の　くゆるけふりの　下むせひ　我ひとりとや　身をこがらすらむ

（現代語訳）

薫物がくゆる煙の下で涙にむせんでいる私一人が、恋心に身を焦がしているのでしょう。

藤原為家（ふじわらのためいえ）　夫木抄

清原元輔
内蔵允・清原深養父の孫で、父は下野守・清原春光の子。清少納言の父。万葉集の訓読と後撰集の編集に携わる。三十六歌仙の一人。官位は従五位上・肥後守。家集『元輔集』がある。

赤染衛門
生没年未詳。平安時代の女房・女流歌人。中古三十六歌仙・女房三十六歌仙の一人。大隈守・赤染時用（時望）の娘。家集『赤染衛門集』がある。『栄花物語』正編の著者として有力視される。

藤原公任
平安時代中期の公卿・歌人。藤原北家小野宮流、関白太政大臣・藤原頼忠の長男。官位は正二位・権大納言。四条大納言と号する。『和漢朗詠集』の撰者としても知られる。

崇徳天皇（崇徳院）
日本の第七十五代天皇。在位一一二三年～一一四二年。鳥羽天皇の第一皇子。母は中宮・藤原璋子（待賢門院）。譲位後は新院、讃岐院とも呼ばれた。

藤原顕輔
平安時代後期の公家・歌人。修理大夫・藤原顕季の三男。官位は正三位・左京大夫。六条と号す。『詞花和歌集』の撰者。

藤原俊成
平安時代後期から鎌倉時代初期の公家・歌人。藤原定家の父。藤原北家御子左流、権中納言・藤原俊忠の子。『千載和歌集』の撰者。

藤原為家
鎌倉時代中期の公家・歌人。官位は正二位・権大納言。父は藤原定家。嵯峨天皇の勅で『続後撰集』『続古今集』の撰者。

後拾遺和歌集
平安後期の勅撰和歌集。八代集の第四。二十巻。承保二年（一〇七五）、白河天皇の命により藤原通俊（ふじわらのみちとし）が撰し、応徳三年（一〇八六）成立。和泉式部らの歌約千二百首を収録。後拾遺集。

赤染衛門集
赤染衛門の家集。成立年代は未詳だが、十一世紀中ごろとされる。

公任集
平安時代中期に編まれた藤原公任の家集。

久安百首
平安時代後期の一一五〇年（久安六年）、崇徳院の命により作成した百首歌。久安六年百首、崇徳院御百首とも称される。

詞花和歌集
八代集の第六にあたる勅撰和歌集。天養元年（一一四四年）に崇徳院が下命し、藤原顕輔（一〇九〇～一一五五年）が撰者となって編集。仁平元年（一一五一年）になって完成奏覧された。十巻、総歌数四百十五首。

俊成五社百首
藤原俊成が、伊勢・賀茂・春日・日吉・住吉の五社に奉納した百首歌。

夫木和歌抄
夫木抄、夫木和歌集、夫木集とも称する。鎌倉時代後期に成立した私撰和歌集である。延慶三年（一三一〇年）頃成立。

日本画に描かれた香「伽羅」

鏑木清方（かぶらき　きよかた／一八七八―一九七二）は江戸の風情をたたえる美人画を描いた画家として知られています。その画家が描いた数ある美人画の中に「伽羅」と題された作品があります。大きな画面に午睡から目覚めたばかりの女性が両手をついて半身を起こしまどろむ姿と、手もとにある蒔絵の香枕が清楚に描かれています。

鏑木清方は四季の生活の中にある香りをとても大切にしていたようです。随筆の名手としても知られた画家の残した文章のあちらこちらで、江戸の暮しをつたえる情景とその場に漂う香りが活写されています。この作品の題名になった「伽羅」も「梅雨」と題された随筆の冒頭にでてきます。

つゆどきになると、土蔵や納戸（なんど）、または戸棚の中に蒼朮（そうじゅつ）を焚（た）きくゆらすのが、昔はどこのうちでも欠かさぬ主婦のつとめであった。

蒼朮とは、紅（べに）だの、薊（あざみ）だのによく似た花をもつ秋の野草で、その根は薬用になり、干しかわかしたのを焚くと湿気をはらい、虫を除（よ）ける。

ながあめがふりつづいて、どこもかしこもしめっぽく、襖紙（ふすまがみ）はだぶだぶ大なみをうって昼もおぐらい部屋のうちに、踏む畳はじっとりして、古沼の沢辺（さわべ）でもわたるように、そっと爪先（つまさき）をたててあるく。

そんな時にたきこめた煙には、伽羅（きゃら）、栴檀（せんだん）の香りはなくても、昔の人の袖の香は知らず、何かしら先人の生活の染（し）みこんだ匂いの一つとして私には忘れがたく、焚いたあとでは、うっとうしく粘りつい

鏑木清方　「伽羅」　1936 年　山種美術館蔵　©Akio Nemoto
香枕には源氏香の図が描かれています。

た湿気がさらりと退いて、日ごとにくりかえせば気もちまで洗われたようにさっぱりする。

清涼な気持ちを誘う香りは、「涼味」と題された随筆のなかほどでも出てきます。

広重の三枚続に屋形船、屋根舟が舳先を交し、屋敷風と町風の美女を零した夕涼、薄墨色の中空には花火が開く、国貞、国芳の汗ばむ膚、髪の蒸れる臭いもなく、身じらぎにただ衣摺のさやめいて、川風が伝えて来るのはおおかた留木の香であろう。

「伽羅」は香りを愛した鏑木清方が、香の心もちをみごとに描いた名品です。

文中随筆『鏑木清方随筆集』（山田肇 編　岩波文庫
岩波書店　一九八七年）より　©Akio Nemoto

お香用語解説

〈 〉内は本文中の主な参照頁

安息香（あんそくこう）
安息香樹（エゴノキ科）の幹から採った樹脂。濃厚で甘い香りが特徴で、薫香の材料とするほかに、かつては医薬用にも用いられた。〈三〇頁〉

一木四銘（いちぼくしめい）
一つの香木を四つに分割し、それぞれに初音、白菊、紫舟、藤袴（蘭）の銘がつけられた。藤袴を除いて一木三銘ともいう。〈一〇〇頁〉

印香（いんこう）
香原料を粉末にして練り合わせ、板状に固めて梅花型などに型抜きし乾燥させたもの。〈二五頁〉

鬱金（うこん）
ショウガ科のウコンの根茎を乾燥させたもの。熱帯アジア原産でカレーの原料や健康食品としても知られるが、芳香性の精油が練香の原料として使われている。〈三四頁〉

御家流（おいえりゅう）
香道の主要流派の一つ。三条西実隆が創始した。〈一七頁〉

追風（おいかぜ）
風や動作により移り香が漂うこと。香りを衣服に移すことを追風用意という。〈一二頁〉

黄熟香（おうじゅくこう）
沈水香の種類名。正倉院の蘭奢待は黄熟香として収蔵されている。〈一〇一頁〉

貝甲香（かいこうこう）〔甲香〕
巻貝の蓋を砕いて粉末にしたもの。練香の原料の一つとして使われる。〈三五頁〉

掛香（かけこう）
香木や香草を調合し小さな絹袋にいれて室内の柱や壁に掛けるもの、その総称。良い香りを漂わせるとともに、邪気を払うとされる。〈一三、二八頁〉

藿香（かっこう）
シソ科のパチョリを乾燥させたもので、薫香、匂袋、衣服の付け香に用いる。蒸留してパチョリ油を採取したり、漢方としても使われる。〈三三頁〉

訶梨勒（かりろく）
シクンシ科の高木の実で、はしか（麻

疹）やほうそう（天然痘）の特効薬とされ、これを実の形を模した袋に入れて病除とした。この袋自体も訶梨勒と呼んでいる。〈一三頁〉

甘松（かんしょう）
オミナエシ科の甘松の根、茎を乾燥させ練香の原料としたもの。鎮静作用や胃の薬としても用いられる。〈三四頁〉

聞香炉（ききごうろ）
香を聞くための香炉。青磁、染付の陶製のものが多い。三脚になっている。〈六二、七六頁〉

聞く（きく）
集中して香りをかぐことを「聞く」という。室町時代から使われるようになったといわれる。〈六二、八五頁〉

木所（きどころ）
香木分類に用いる六国の総称。〈八二頁〉

伽羅（きゃら）
沈水香の一種。ベトナムの安南山脈南部周辺産が良質。香道では蘭奢待は伽羅に分類され、五味を併せ持っているとされる。六国の一つ。〈三八頁〉

銀葉（ぎんよう）
香木と灰や熱源とを隔てる用具。これを香炉の上に置き香をのせる。かつては銀製の薄葉を使っていたのでこの名が使われている。〈六二、六四、七六頁〉

銀葉盤（ぎんようばん）
銀葉をのせる台。一〇または一二に区画されている。〈八六頁〉

組香（くみこう）
複数の香木を和歌や物語、漢詩、故事来歴などの主題に従って数種の香を組み合わせて、同香、別香などの違いを聞き当てるもの。室町時代の十炷香・十種香が先がけ。〈一八、八五、九〇〜九五頁〉

薫陸（くんろく・くんりく）
半化石状になった樹脂。練香の原料の一つとして用いられる。インド・イラン原産といわれ、正倉院などに古くから伝わっている。〈三一頁〉

桂皮（けいひ）
クスノキ科常緑の小高木の樹皮を乾燥させたもの。薫香、生薬、香辛料などに広く用いられている。〈三〇頁〉

源氏香（げんじこう）
組香の一つ。源氏五十四帖の場面のうち五十二帖にちなんで組み合わされた香を聞き分ける。〈一八、九〇～九三頁〉

源氏香図（げんじこうず）
代表的な組香の一つ、源氏香の回答を図式で表したもの。五十二通りの図を源氏物語の巻の名にあてはめたもの。〈一八、九〇～九一頁〉

香味（こうあじ）
五味として香木分類に用いる。甘・酸・辛・鹹・苦の五種がある。〈八三、八四頁〉

香合（こうあわせ）
香木を持ち寄り各自の香を炷いて、香り、銘の優劣を競うもの。〈八一頁〉

香席（こうせき）
香を聞く席のこと。席主・客・香元・執筆などの役割がある。〈七九、八五頁〉

香炭団（こうたどん）
小さな筒形の炭団。香炉の灰に埋めて香木を加熱する。〈六二、六六頁〉

香十徳（こうじゅっとく）
一休禅師が伝えたという香が持つ十の徳のことをいう。〈四二頁〉

香札（こうふだ）
香を聞いた結果を答えるときに用いる札。

香木（こうぼく）
香木とは広義には樹木より採れる香料全般のことで、通常は沈香、伽羅、白檀を指す。〈一六、二四、三六～四一頁〉

香枕（こうまくら）
中に香炉を入れて香を炷き、出る香気で頭髪などに香りを移す。〈七三、一〇九頁〉

佐曽羅（さそら）
香木分類、六国の一つ。香りは「僧の如し」と形容されることも。〈八二～八四頁〉

山奈（さんな）
中国南部、台湾に自生する多年草。乾燥させたものを匂袋に入れる。防虫香としても用いられる。〈三四頁〉

志野流（しのりゅう）
香道の主要流派の一つ。志野宗信が創始した。〈一七、八六～八九頁〉

麝香（じゃこう）〔ムスク〕
ネパールやチベットに生息するジャコウジカの雄の香嚢を乾燥させたもの。日本には仏教とともに伝来したもので、保香材として、薫物などに欠かせない香原料。〈一〇、三五頁〉

十種香箱（じゅっしゅこうばこ）
香席に用いる香道具を納める箱。大名

家の婚礼道具には豪華な蒔絵のものが家紋入りで入っていることが多い。

常香盤（じょうこうばん）
折れ線状や渦巻状に置いた抹香を長く炷けるようにした香炉盤。時間を知る目安にも使った。〈一三、七三頁〉

沈水香（じんすいこう）
ジンチョウゲ科アキアリア属の樹内に樹脂が凝縮して出来たもの。伽羅や沈香の総称。〈三、八、一〇、三六、七八、八二、九六頁〉

塗香（ずこう）
仏像に供えたり修行者の身体に塗って、邪気を払い身を清めるために用いる香。仏に捧げる六種供具の一つにもなっている。〈一二、二八頁〉

寸門陀羅（すもんだら）
香木分類、六国の一つ。スマトラ島を語源とする。〈八二、八四頁〉

浅香（せんこう）
沈香系の香木で水に浮かぶものを浅香と称し、水に沈むものを沈水香という。〈一〇頁〉

線香（せんこう）
複数の香料を固めて線状にしたもの。時間を図る道具としても使われていた。練り込む主な香料によって、室内、屋外など使い分けて利用される。香りの形としては新しく、江戸時代に中国より伝わったとされる。〈一八、二〇頁〉

袖香炉（そでこうろ）
球形をした小さな香炉で、着物の袖に入れて携帯する。火皿の部分が常に水平に保たれる仕掛けになっている。〈一八頁〉

供香（そなえこう、ぐこう、きょうこう）
仏前に香を炷いて清めること。〈一〇頁〉

空薫（そらだき）
奈良時代後期、それまでは、仏前で炷いていた香を、部屋や着物に炷きしめて楽しむようになった。そうしたことを供香にたいして空薫というようになった。〈一二、二〇、二四、六六、六七頁〉

大茴香（だいういきょう）
中国西南部原産のモクレン科の常緑低木。茶色の果実が香として用いられる。胃薬や鎮痛剤としても知られる。〈三三頁〉

炷空（たきがら）
炷き終わった香木のこと。〈八六頁〉

炷空入（たきがらいれ）
炷空を入れたもの。金属製や木製がある。〈八六頁〉

薫物（たきもの）〔練香〕
粉末にした香木と香料をまぜたものを蜜や梅肉で練り合わせて作ったもの。

平安時代には広く用いられ、現代では茶席などにもよく用いられる。〈一二頁〉

薫物合（たきものあわせ）
薫物を持ち寄り炷いて、判者がその香りの優劣を評して勝敗を決める。平安時代、貴族の間で流行した。〈一二頁〉

丁子（ちょうじ）
フトモモ科植物の蕾を乾燥させたもので、インドネシア原産。形が釘に似ているところから丁子とよばれる。〈一〇、三一頁〉

闘香（とうこう）
鎌倉末から室町時代に流行った香合わせの遊戯。ときに賭け事となり、禁令も出た。〈八一頁〉

匂袋（においぶくろ）
香原料を調合して入れた袋。丁子、麝香、龍脳、白檀などを使う。身につけたり、箪笥に入れたりする。〈二六、二七、五八頁〉

乳香（にゅうこう）
カンラン科ボスウェリア属の乳香樹からとれる樹脂。清々しい香りで、古来より聖なる香料として使われてきた。古代オリエント、エジプトの代表的な香料で、キリスト生誕の際のささげ物としても有名。〈三二頁〉

火道具（ひどうぐ）〔七つ道具〕
灰や銀葉、香木等をあつかう七種の道具。火箸、灰押、羽箒、銀葉挟、木香箸、香匙、鴬のことをいう。〈六二、八六頁〉

火箸（ひばし）
香を炷くとき灰手前に用いる。〈六二、六六頁〉

白檀（びゃくだん）
インドネシアからインドに分布する常緑高木。芯材から甘い芳香がする。仏像や扇子の材料としても使われている。栴檀（せんだん）ともいう。〈一〇、四〇頁〉

文香（ふみこう）
手紙に添える小さめの匂袋。〈二一、二九、五一頁〉

抹香（まっこう）
粉末にしたお香の総称。常香盤などで用いる。時間の計測にも使われる。〈二三頁〉

真那賀（まなか）
香木分類、六国の一つ。マラッカを語源とする。〈八二、八四頁〉

真南蛮（まなばん）
香木分類、六国の一つ。香りは「民百姓の如し」と形容されることもある。〈八二、八四頁〉

乱箱（みだればこ）〔乱盆〕
香道で使用する道具を入れておく掛子型の浅い箱。〈八六頁〉

六種の薫物（むくさのたきもの）
黒方、梅花、荷葉、侍従、菊花、落葉の六種。これらをテーマに薫物を調合した。伝来する家や、調製する人によって処方に違いがある。〈一四頁〉

名香・銘香（めいこう）
名のついた香木を銘香というが、中でもすぐれて名高い香木を名香と呼んでいる。〈八〇、九六、一〇〇頁〉

名香合（めいこうあわせ）
名香を持ち寄り、二手に分かれて炷いてその優劣を競う香会のこと。〈八一、九八頁〉

没薬（もつやく）〔ミルラ〕
カンラン科の樹液を乾燥させたもの。炷くとやや甘味と苦みを含んだ香りがする。防腐作用があるとされ古代エジプトでミイラつくりに使われた。〈三四頁〉

聞香（もんこう）
香を聞くこと。聞くとは香りを深く理解しようと集中すること。〈六二頁〉

羅国（らこく）
香木分類、六国の一つ。香りは「武士の如し」と例えられることもある。〈八二、八四頁〉

蘭奢待（らんじゃたい）
正倉院に伝わる名香。木質は黄熟香で、別名東大寺。室町以降時の権力者が戴香したことでも知られている。〈二七、一〇一頁〉

六国（りっこく）〔木所〕
香木を分類判定するための基準。伽羅・羅国・真那賀・真南蛮・佐曽羅・寸門陀羅の六種。〈八二、八四頁〉

龍涎香（りゅうぜんこう）
マッコウ鯨の消化器にある結石。焚香、香薬、媚薬として珍重された。〈三五頁〉

龍脳（りゅうのう）
龍脳樹の芯材からとれる芳香高い顆粒状の結晶。清涼感があり、防虫、防腐剤、薫香用として用いられてきた。墨の匂いはこの龍脳のもの。〈一〇、三三頁〉

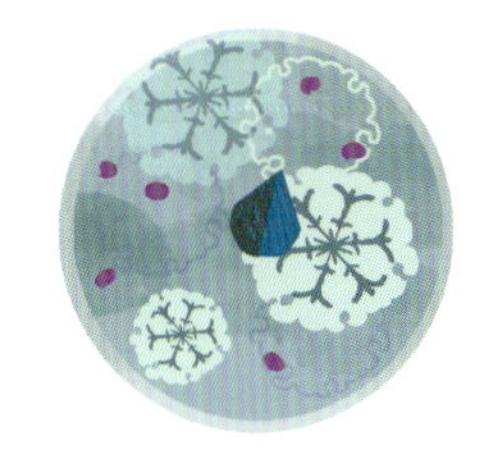

おわりに

世界各地のさまざまな香材（香原料）を意のままに使いこなし、自分の思うところを香りに変えられたら、楽しみは無限に拡がります。

平安時代、大宮人たちは自分で極上の香料を揃え、管理・調合・加工を自在に行っていました。彼らは香材の割合を変えることにより、自分好みの香りを創作し、衣装に薫きしめて着用し、姿を見せずとも個の識別が可能であったといわれます。

このような豊かな香りの世界を現代に再現できないか？

これが我々の長年のテーマでありました。

幸い、我々の拠点とする京都御所西地区は、平安時代には主要な貴族が多く住み、香り文化の発祥・発展の地といわれます。

その地で日本独自の香り文化を正統に伝承し、奥深い香り文化再現のお手伝いができることは至上の喜びであります。

本書では、日本の香りをさまざまな面からご紹介させていただきましたが、その良さを少しでも多くの方々にお伝えすることができれば幸いです。

山田英夫（山田松香木店）

沈香
沈香
沈香
沈香
沈香
沈香
伽羅板
伽羅

江戸時代から続く京都の老舗香木専門店

山田松香木店

京都本店

京都府京都市上京区勘解由小路町 164
(室町通下立売上ル)
TEL　075-441-1123
営業時間：10：00 ～ 17：30
店休日：年末年始
http://www.yamadamatsu.co.jp/

江戸時代（享保年間）に薬種業として創業。
明和から寛政年間にかけ、薬種の扱い品目を香りに特化し、香木・芳香性薬種（香原料）を中心とする香木業に移行。現在、香木業として、平安時代より続く「日本の香り文化」を、その発祥・発展の地で正統に伝承することを社是とし、同時に薬種業（香松屋）も継続している。京都御所近くにある京都本店、東京の半蔵門店等がある。天然香料にこだわった多くの薫香製品をつくり続け、聞香の体験教室なども開催、（財）香木文化財団を設立し、日本の香り文化の継承を行っている。

伽羅の主要産地ベトナムでの植林事業
(P.19)

香りのオーダーメイド：お誂え香房

オリジナルの香りの匂香（匂袋に入れるお香）又は、練香をオーダーメイドできる。
誂えた香りは再オーダーも可能。

聞香コース

香りを聞き分けて当てるゲーム形式で聞香を楽しみながら、伽羅や沈香など貴重な香木の香りを堪能できる。

聞香サロン

聞香を自宅でも楽しめるよう、香木の炷き方を実践する。

調香コース

香木や天然香原料を調合し、オリジナルの香りを作るコース。匂袋と練香の2コースがある。

匂袋作り

細かく刻んだ香原料を調合し、袋に詰めて匂袋に仕上げる。作った匂袋は持ち帰ることができるため、おみやげにもおすすめ。

練香作り

粉末状の香原料を調合し、蜜で練り固めてオリジナルの練香を作る。直接火をつけるのではなく、温めてたく練香は、平安時代には貴族の間で流行したお香。雅な雰囲気を楽しもう。

半蔵門店

東京都千代田区平河町1丁目8番2号
TEL 03-3221-1671
営業時間：10：00～17：00
月～金（祝日を除く平日のみ）

東京メトロ半蔵門駅より徒歩一分。国立劇場や各国大使館の立ち並ぶ平河町にあり、天然香料にこだわった薫香製品を、半蔵門店でも販売。また、お香にまつわる講座や調香体験も開催し、本店同様、日本の香り文化を伝えている。

調香コース

半蔵門店では、調香コースを実施。匂袋作り又は練香作りで、オリジナルの香りを作ることができる。

＊――――――――＊――――――――＊

日本橋高島屋店〔香の調べ〕

東京都中央区日本橋2丁目4番1号　日本橋高島屋7階
TEL 03-3211-4111（代表）

※情報は、2019年3月現在のものです。

監修

山田松香木店（やまだまつこうぼくてん）

江戸時代から続く京都の老舗香木専門店。京都御所近くにて薬種業を営み、生薬、なかでも香木を専門に取扱い、原産地より直接買付、輸入、鑑別、製品化を一貫して行なっている。

写真・撮影協力
山田松香木店

写真協力
国立国会図書館
鎌倉市鏑木清方記念美術館
根本章雄
山種美術館

編集協力　黒羽真知子
　　　　　佐々木浩樹
デザイン　折原カズヒロ
撮　　影　白石ちえこ
イラスト　まゆみん

和の香りを楽しむ
「お香」入門

2019年3月10日　初版第1刷発行

監　修――山田松香木店
発行者――鎌田章裕
発行所――株式会社東京美術
〒170-0011
東京都豊島区池袋本町3-31-15
電話03（5391）9031
FAX03（3982）3295
http://www.tokyo-bijutsu.co.jp

印刷・製本　シナノ印刷株式会社

乱丁・落丁はお取り替えいたします。
定価はカバーに表示しています。

ISBN978-4-8087-1128-3 C0076